DENKEN UND RECHNEN

Hessen

Herausgegeben von:
Detlef Melchior, Kroppach

Erarbeitet von:
Henner Eidt, Königswinter
Dieter Klöpfer, Ilsfeld
Roswitha Lammel, Bielefeld
Detlef Melchior, Kroppach

Illustrationen von:
Gerd Kruse, Bielefeld

westermann

Zu diesem Schulbuch gibt es Arbeitsmaterialien aus Karton (Rechenplättchen, Zehnerstreifen und Formenplättchen), die gesondert unter der Best-Nr. **111621** (Klassensatz 35 Exemplare) vom Verlag bezogen werden können.

Rechenplättchen und Zehnerstreifen (**REMA;** Best.-Nr. **111484**) können auch aus Vollplastik in einem Kasten sortiert erworben werden.

Steckwürfel sind in einem Plastikbeutel zu 50 blauen und 50 roten Würfeln zu beziehen (Best.-Nr. **111481**).

Rechenschnüre gibt es als 20er Schnüre (**11 1479**) und als 100er Schnüre (**11 1478**).
Sie können einzeln oder in Beuteln zu 10 Stück (20er **111477**, 100er **111476**) vom Verlag bezogen werden.

Zum Denken-und-Rechnen-Lehrgang gibt es ein **Arbeitsheft** (Best.-Nr. **112341**) und einen **Lehrerband mit Kopiervorlagen** (Best.-Nr. **191351**).

Dieses Unterrichtswerk entstand auf der Grundlage von „Denken und Rechnen“, herausgegeben von Prof. Dr. Roland Schmidt, Gießen.

Dieses Papier wurde aus chlorfrei gebleichtem Zellstoff hergestellt

Bildnachweis
Okapia Tierbildarchiv, Frankfurt: 41.1 (Hagemann), 41.2 (Roth)
Tebbenjohanns, Annemarie, Braunschweig: 71
alle übrigen Fotos: Lutz Pape, Braunschweig

1. Auflage Druck 9 8 7 6
Herstellungsjahr 2002 2001 2000

Alle Drucke dieser Auflage können im Unterricht parallel verwendet werden.

Verlagslektorat: Michael Uthe
Typografie u. Lay-out: Sabine Schönauer-Kornek
Herstellung: Dirk Walter-von Lüderitz
Druck und Bindung: westermann druck GmbH, Braunschweig

ISBN 3–14–**111351**–3

Inhaltsverzeichnis

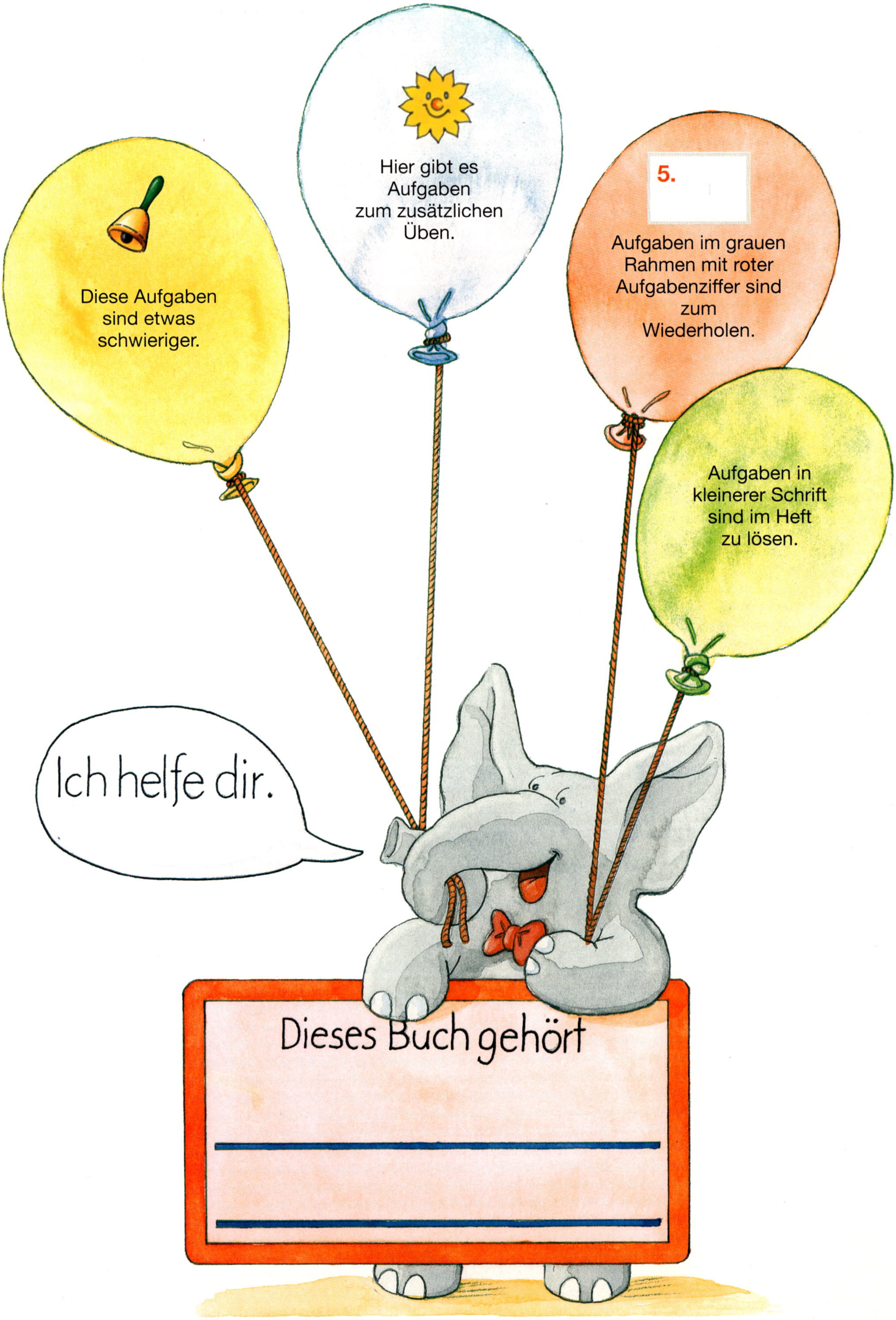

Diese Aufgaben sind etwas schwieriger.
Hier gibt es Aufgaben zum zusätzlichen Üben.
5.
Aufgaben im grauen Rahmen mit roter Aufgabenziffer sind zum Wiederholen.
Aufgaben in kleinerer Schrift sind im Heft zu lösen.
Ich helfe dir.
Dieses Buch gehört

6
Grundschule Mitte
Mein 1.
Schultag

DENKEN UND RECHNEN
Die Fibel

1.

DENKEN UND RECHNEN

2.

Was gehört zusammen?

Bauen mit Steckwürfeln

Figuren nachbauen und Steckwürfel zählen.

1.

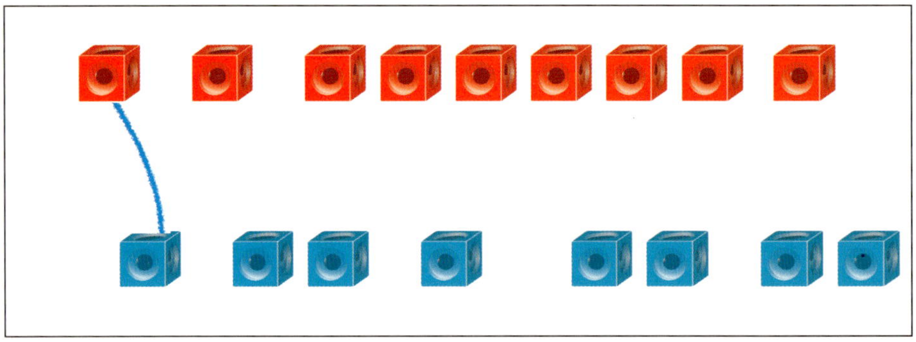

2.

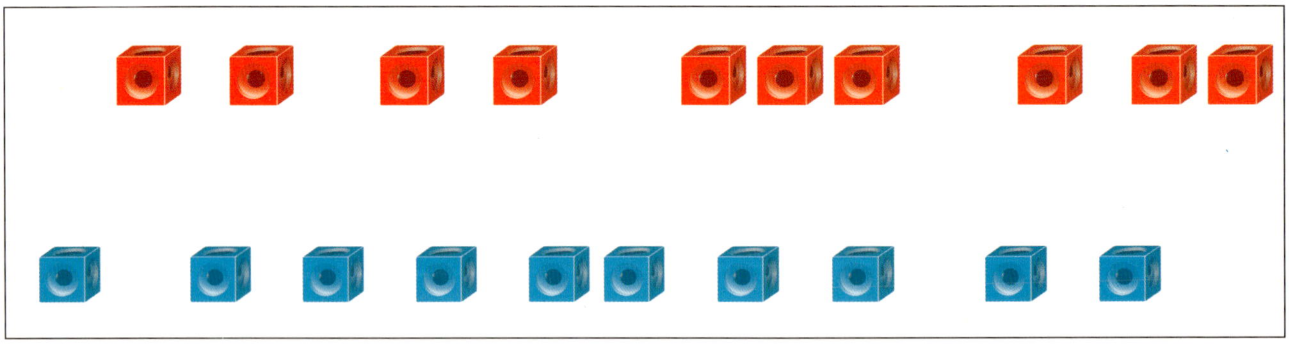

3.

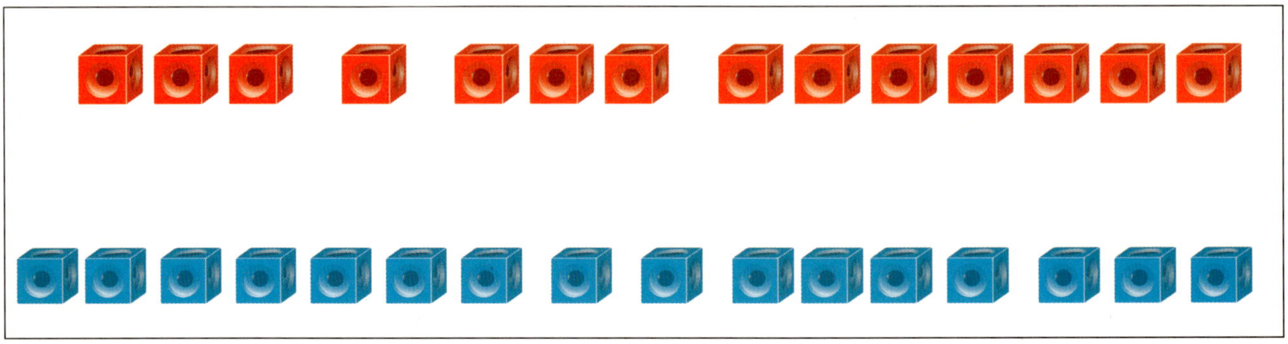

1.

2.

3.

4.

Zuordnen und Verbindungslinien ziehen.

1.

2.

PIZZA
4 Linden
ab 6,-
Speise-
Karte
5
Tourist-
Information
Eis
P
10m
6
Marktstraße
Notdienst 1013
STOP
Cirkus
Salami
Beginn 19 Uhr
Cirkus
Salami
Beginn 19 Uhr
4 Kugeln
2,- DM
30
Zone
TAXI
TAXI-RUF
55555-9
BO-PS 125
9
3
H
1
4
1 – Marktstr. –
Star

Die Zahlen 1 und 2

1.

1	1	1	1	1	1	1	1	1

2	2	2	2	2	2	2	2	2

2.

●	● ●			● ●	●			● ●	●	
1		2	1			2	1			2

3.

2				

Die Zahlen 3 und 4

1.

3	3	3	3	3	3	3	3	3

4	4	4	4	4	4	4	4	4

2.

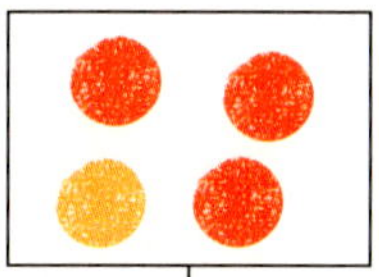 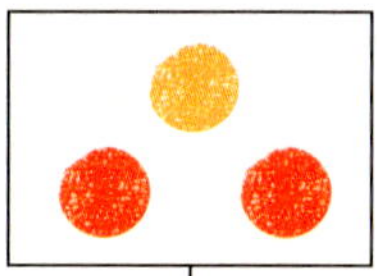

4	3	2	4	4	3

3.

Die Zahl 5

1.

5	5	5	5	5	5	5	5	5

2.

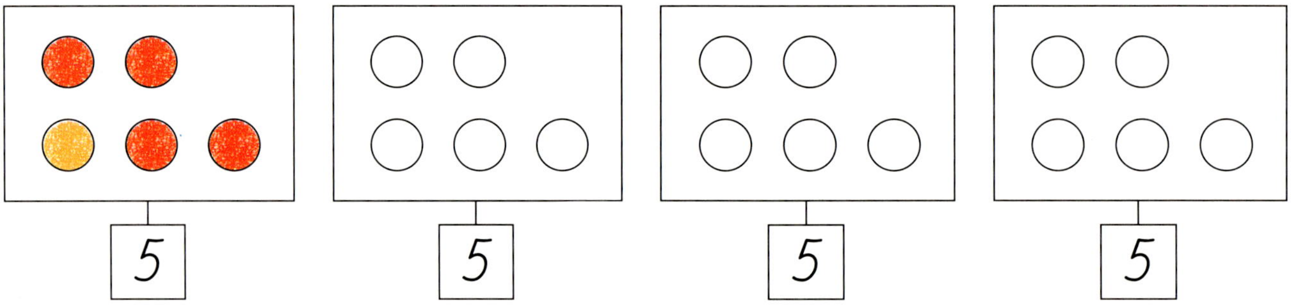

3. Immer 5!

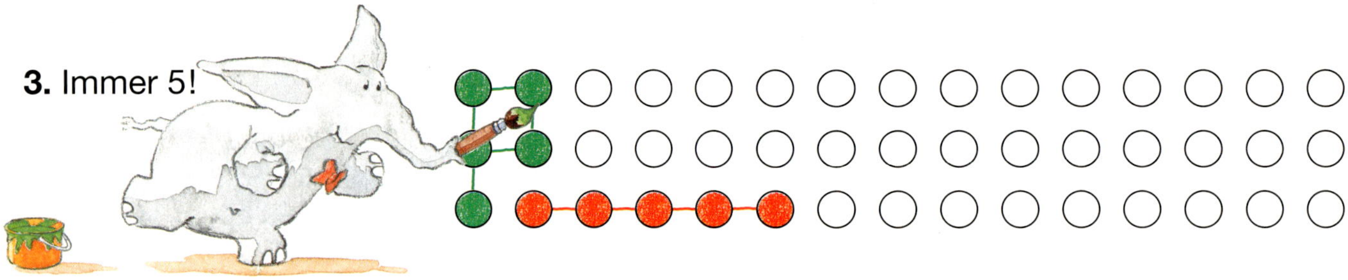

4.

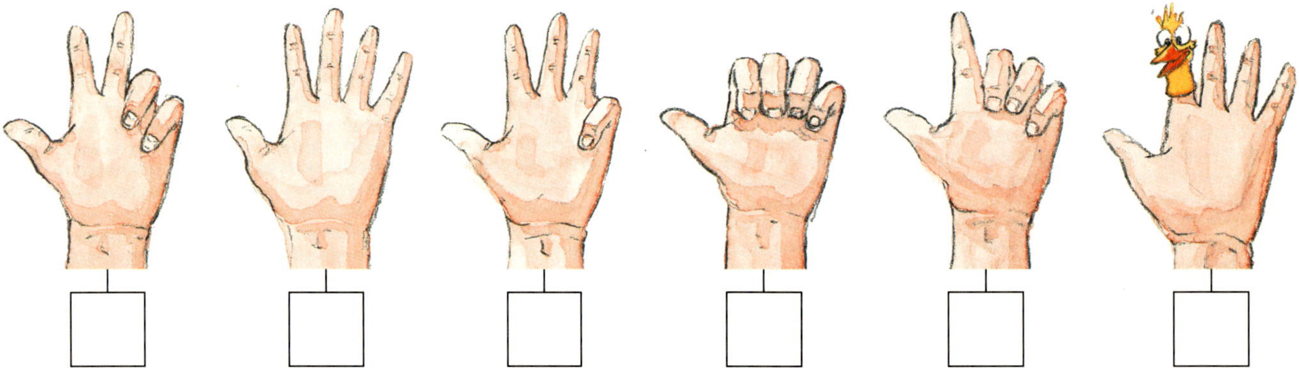

2. Mit zwei Farben ausmalen. Zerlegung beschreiben.

1.

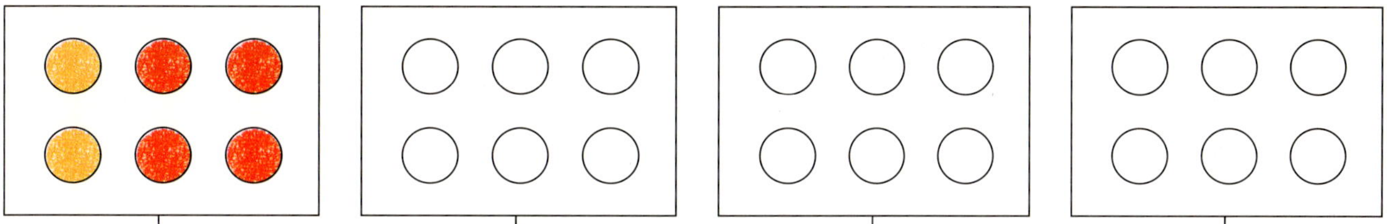

6 6 6 6

2.

6	6	6	6	6	6	6	6	6

3.

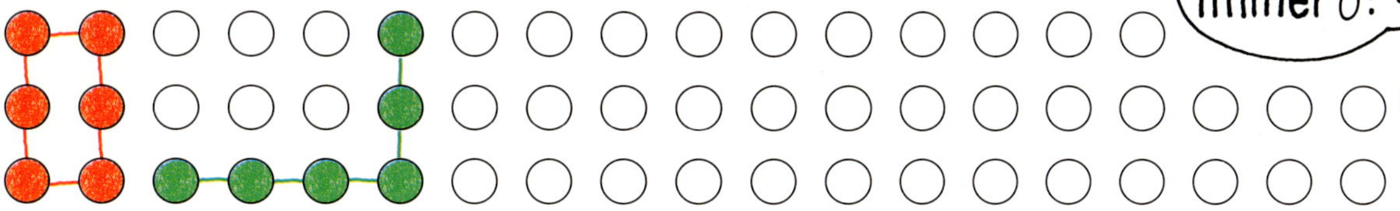

4.

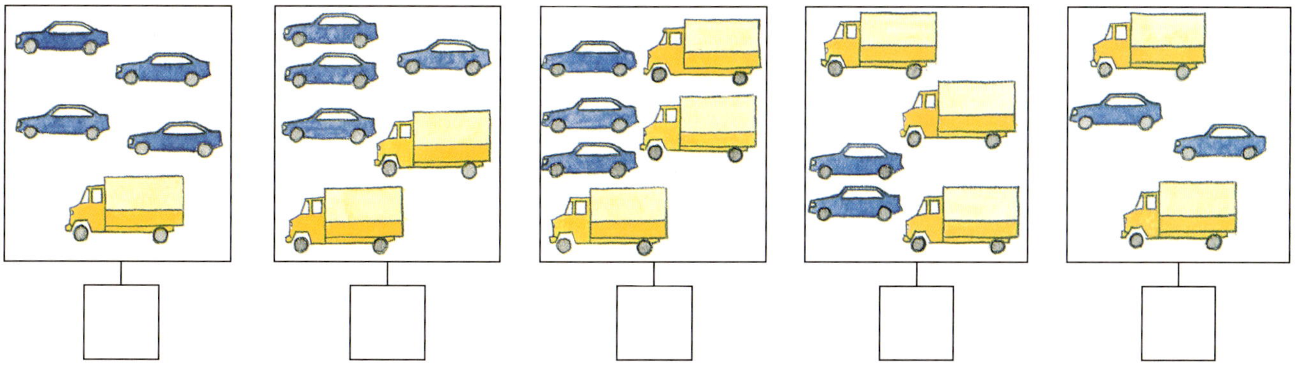

1.

2.

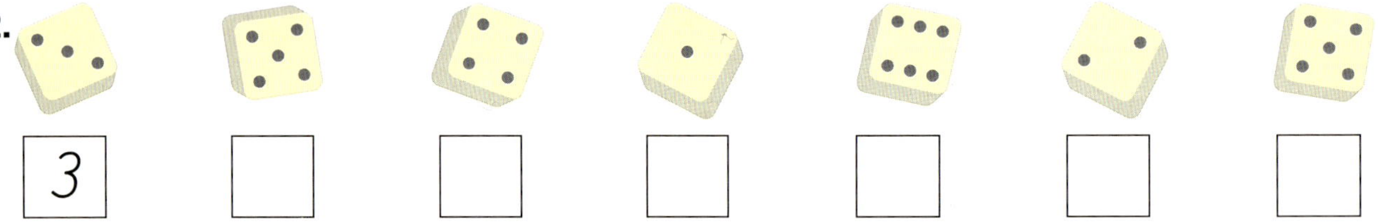

3.

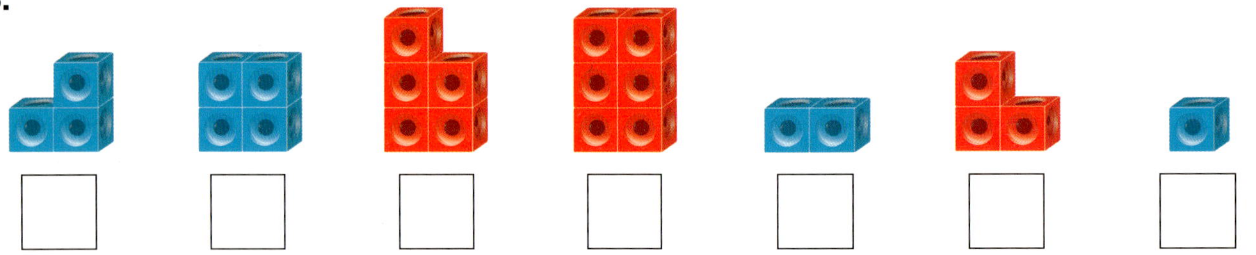

4.

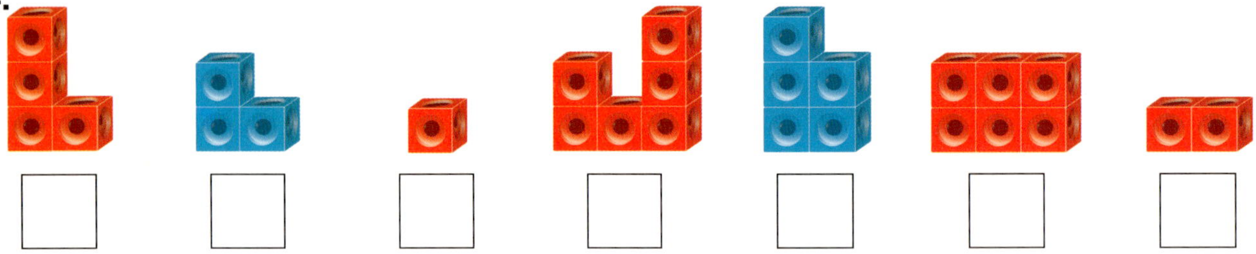

5.

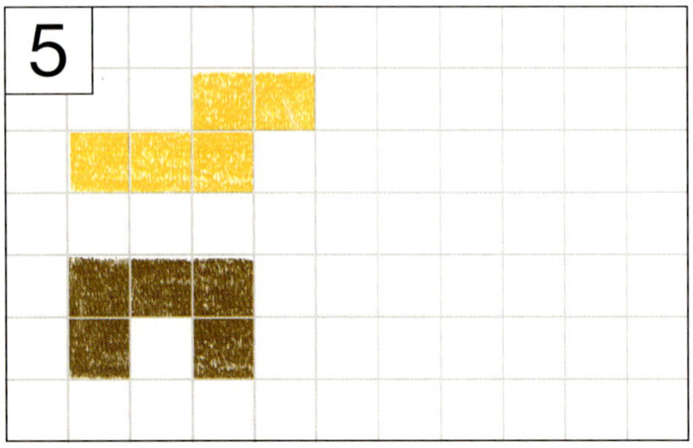

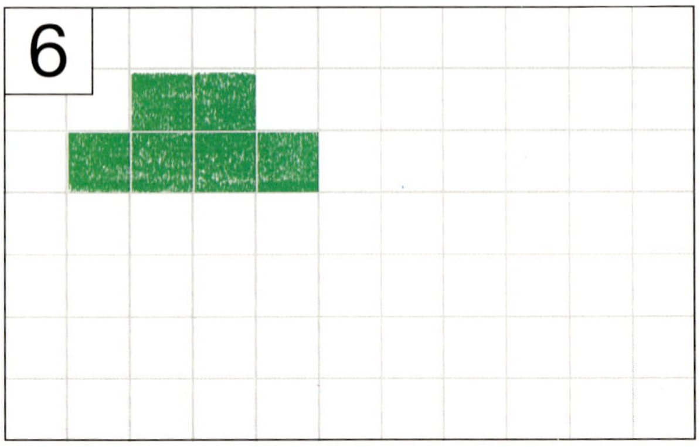

1. Rechenspiel: Zu gewürfelten Augenzahlen Steckwürfelkörper bauen.

Wiederholung

1.

2.

6	6			
3				
4				

5				
2				
6				

4				
1				
5				

3.

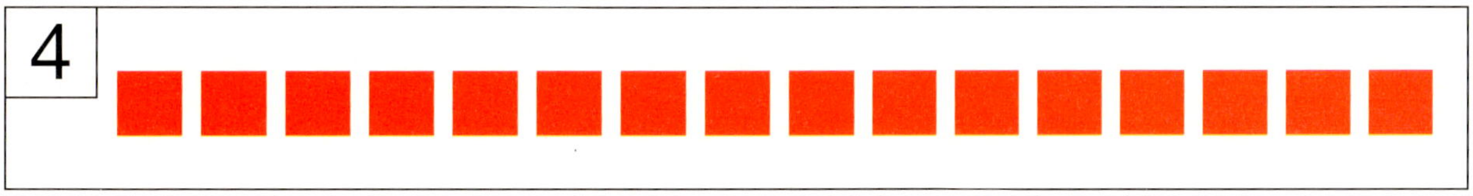

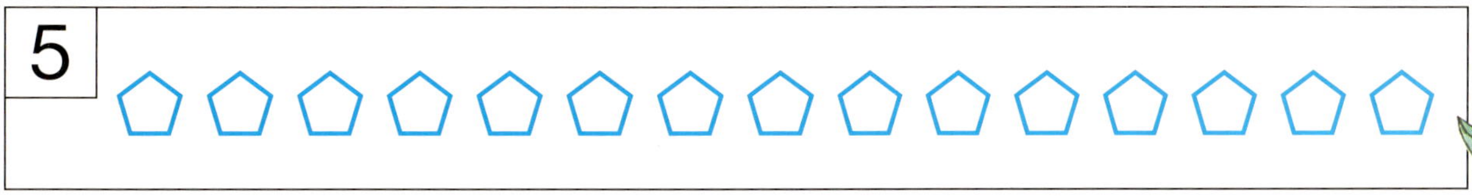

4.

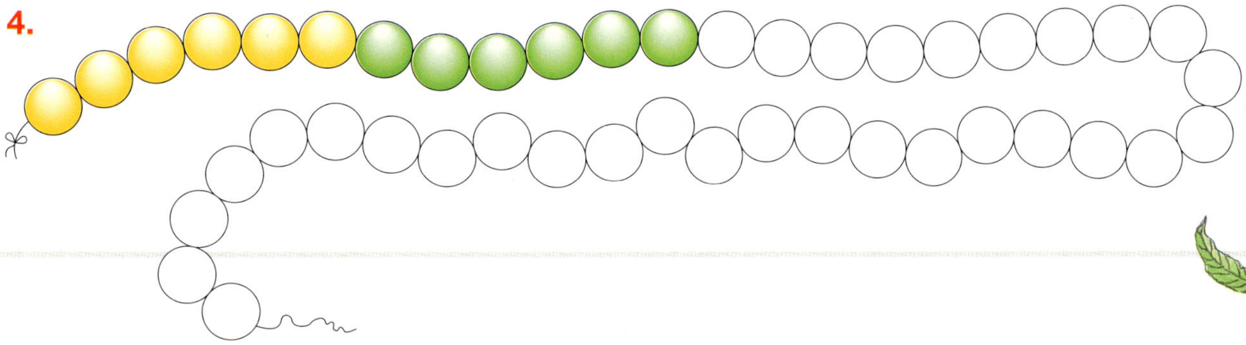

Die Zahlenfolge von 1 bis 6

1.

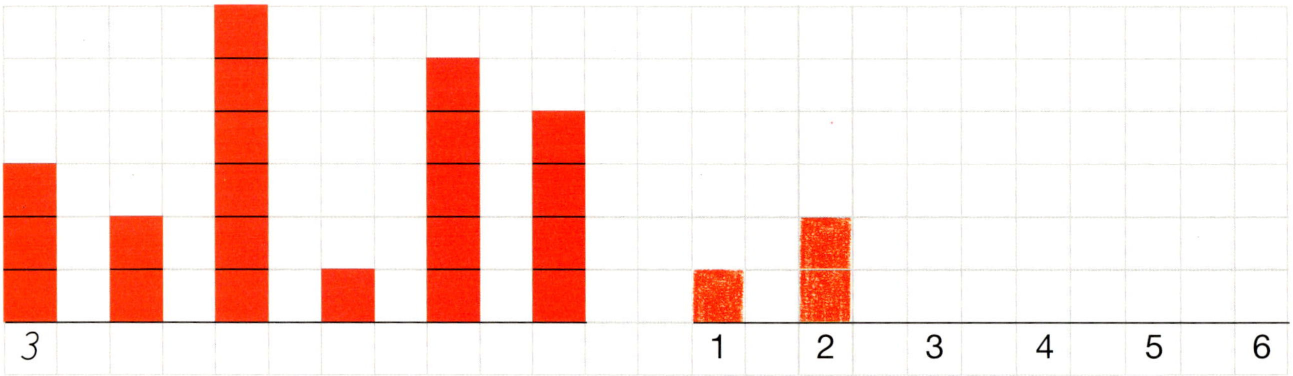

2.

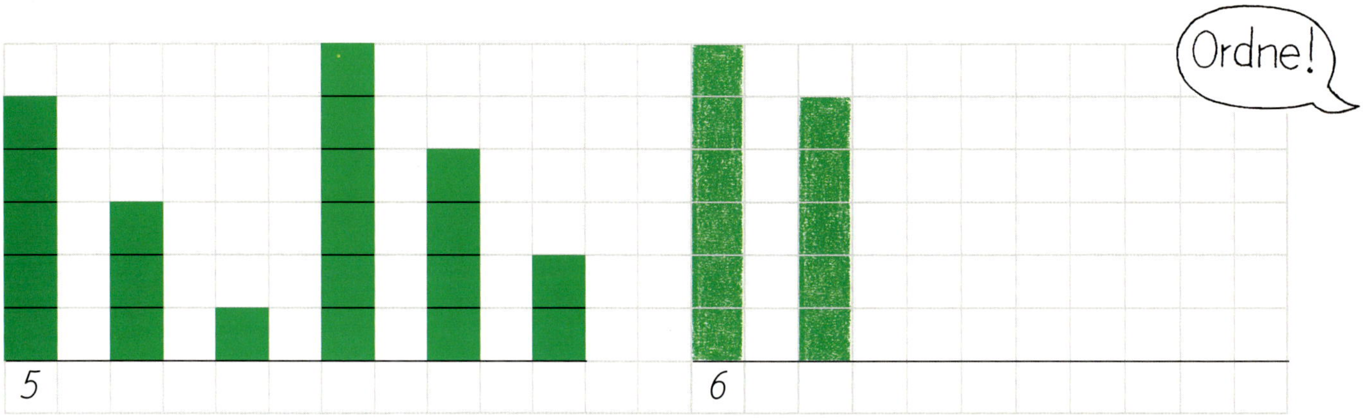

3.

1	2	3	4	5	6
1					

1	2				

6	5	4	3	2	1
6					

6	5				

4.

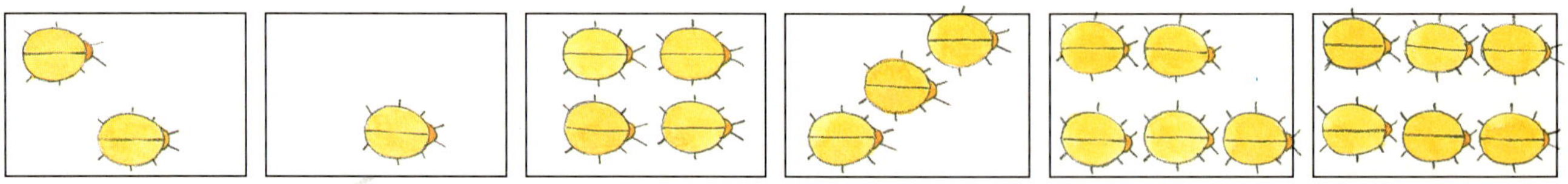

1 2 3 4 5 6

Zerlegen der Zahlen 4, 5 und 6

1.

5 1

2.

1 5 2 4 3 3 4 2 5 1

3.

1.

0

2.

0 0 0 0

3.

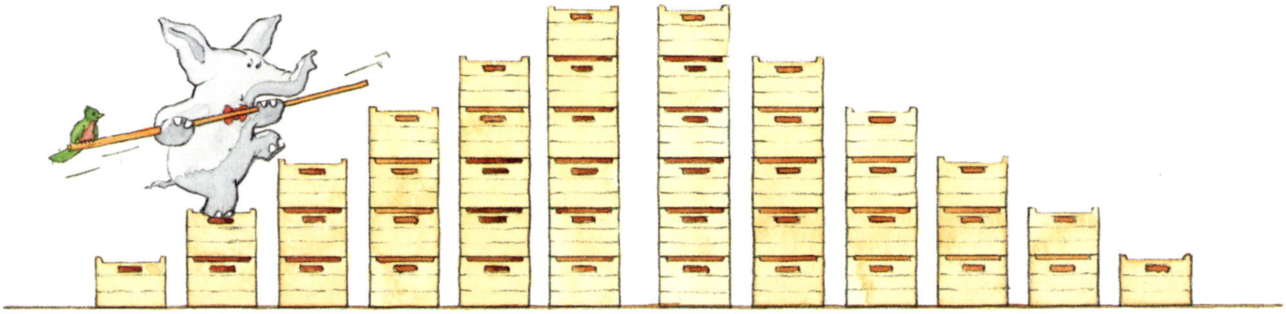

4.

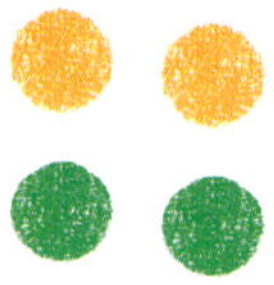

4	6	0	5	0	3

5.

0	1	2	3	4	5	6								

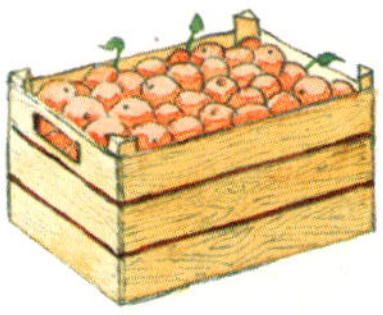

Vergleichen von Zahlen

5 > 4
größer als

4 = 4
gleich

2 < 5
kleiner als

1.

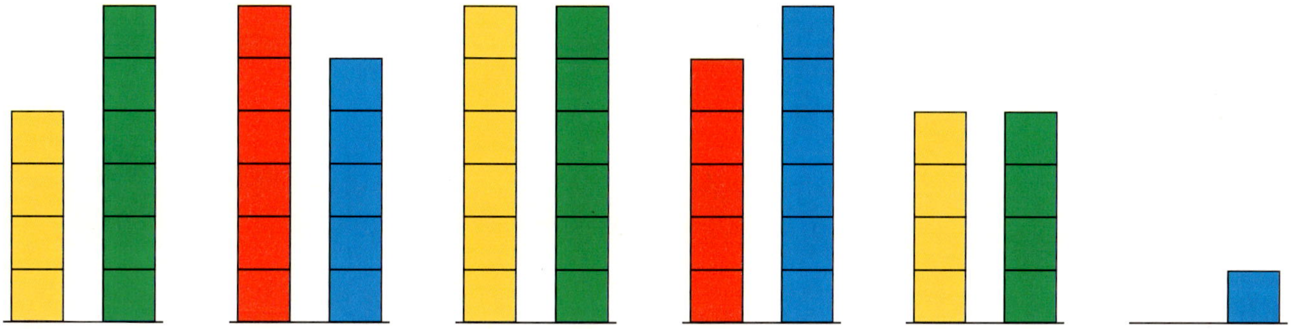

4 < 6 6 ○ 5 6 ○ 6 5 ○ 6 4 ○ 4 0 ○ 1

2.

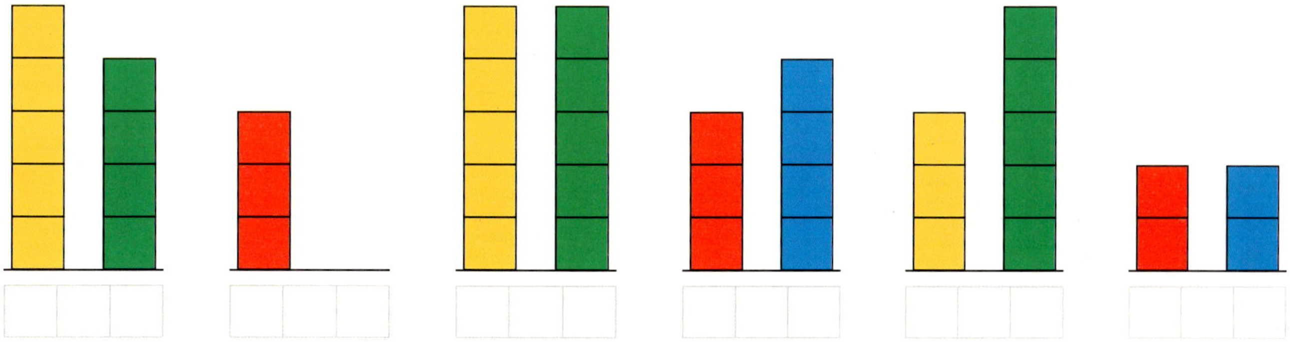

3.

6 ○ 4 5 ○ 3 3 ○ 5 0 ○ 6 3 ○ 3 6 ○ 5

1.

6 > 4	5 __ 1	4 __ 5	3 __ 5	6 __ 2	5 __ 0
6 __ 6	5 __ 2	4 __ 1	2 __ 4	3 __ 1	6 __ 3
6 __ 5	5 __ 3	4 __ 3	0 __ 3	5 __ 6	4 __ 4

2.

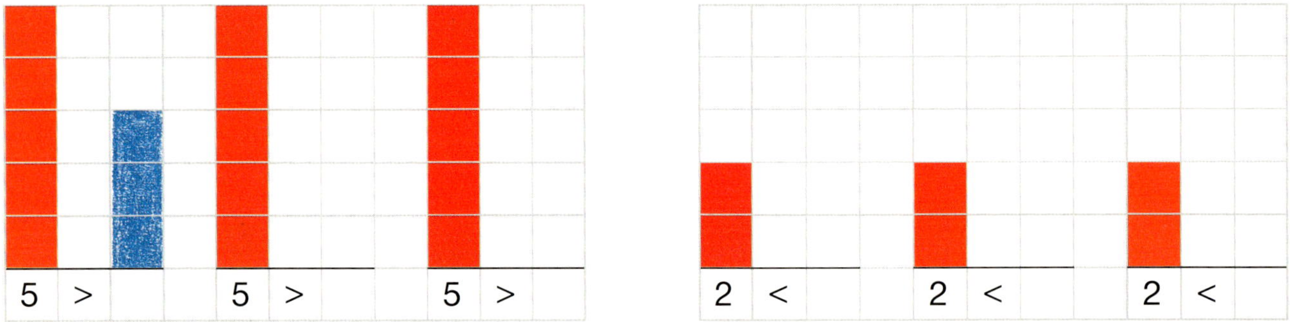

3.

4 > __	6 > __	3 > __	__ > 2	__ > 5
4 > __	6 > __	5 > __	__ > 2	__ > 1
4 > __	6 > __	1 > __	__ > 2	__ > 3
4 > __	6 > __	2 > __	__ > 2	__ > 4

4.

2 < __	1 < __	3 < __	__ < 5	__ < 4	__ < 6
2 < __	1 < __	4 < __	__ < 5	__ < 4	__ < 2
2 < __	1 < __	5 < __	__ < 5	__ < 4	__ < 3
2 < __	1 < __	3 < __	__ < 5	__ < 4	__ < 1

1.

1.	2.				

2.

					1.

3.

	1.				

4.

1.	2.	3.	4.	5.	6.

Zahlenausdrücke mit „plus“

1.

+

+

+

2.

+

3.

Zahlenausdrücke mit „plus“

1.

3	+	1

2.

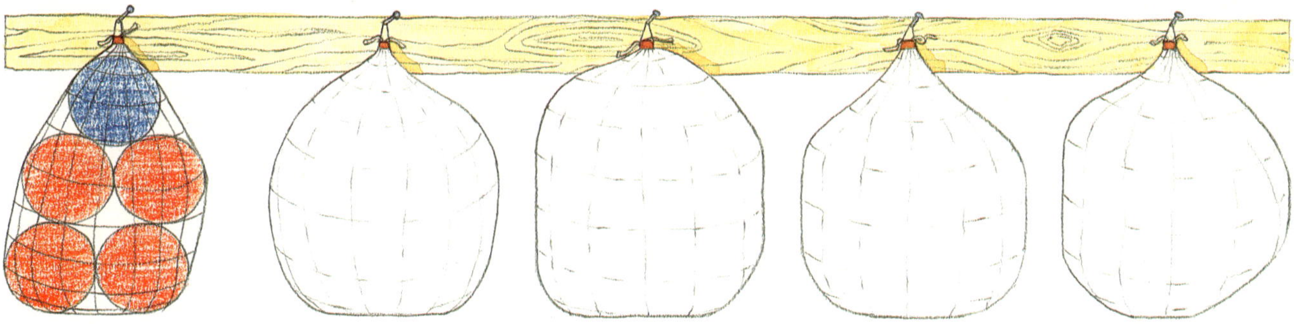

1 + 4 | 2 + 2 | 5 + 1 | 4 + 0 | 2 + 3

3.

2 + 2 | 4 + 2 | 2 + 3 | 6 + 0 | 1 + 3

4.

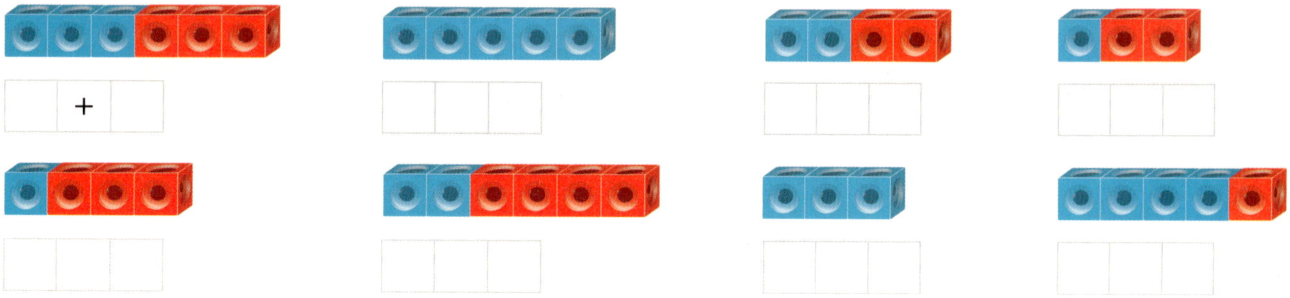

5.

1 + 4	2 + 1	1 + 5	4 + 0	5 + 1	3 + 2	0 + 3	3 + 1

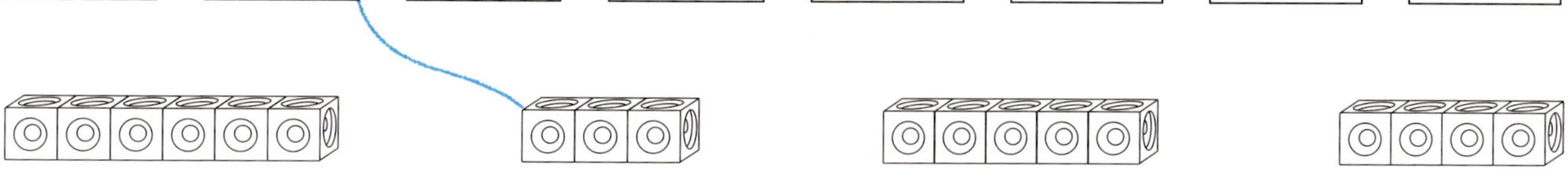

1.

3 + 1 = ☐

2 + 2 = ☐

4 + 2 = ☐

2.

☐ + ☐ = ☐

☐ + ☐ = ☐

☐ + ☐ = ☐

3.

1.

3 + 2 = ___ ___ ___ ___ ___ ___ ___ ___ ___ ___ ___

2.

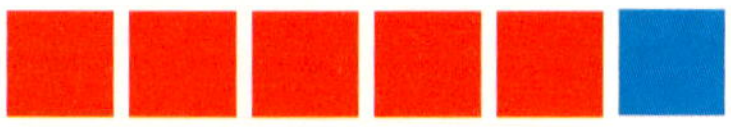

5 + 1 = ___

___ + ___ = ___

___ + ___ = ___

___ + ___ = ___

___ + ___ = ___

___ + ___ = ___

3.

3 + 2 = ___

1 + 3 = ___

5 + 1 = ___

4 + 2 = ___

3 + 3 = ___

1 + 4 = ___

4. Lege und rechne.

2 + 3 =	3 + 2 =	1 + 5 =	1 + 2 =	4 + 2 =
2 + 4 =	0 + 4 =	5 + 0 =	2 + 1 =	1 + 3 =
1 + 4 =	3 + 3 =	2 + 2 =	5 + 1 =	0 + 0 =

5.

4 + 1 =	0 + 4 =	2 + 2 =	1 + 3 =
3 + 1 =	1 + 4 =	2 + 3 =	2 + 2 =
2 + 1 =	2 + 4 =	2 + 4 =	3 + 1 =

5. Aufgaben vergleichen, Zusammenhänge entdecken.

1

☐ + ☐ = ☐ | ☐ + ☐ = ☐ | ☐ + ☐ = ☐

2

3

4 + 1 = ☐ | 2 + 3 = ☐ | 2 + 4 = ☐

5 + 1 = ☐ | 4 + 2 = ☐ | 3 + 3 = ☐

4

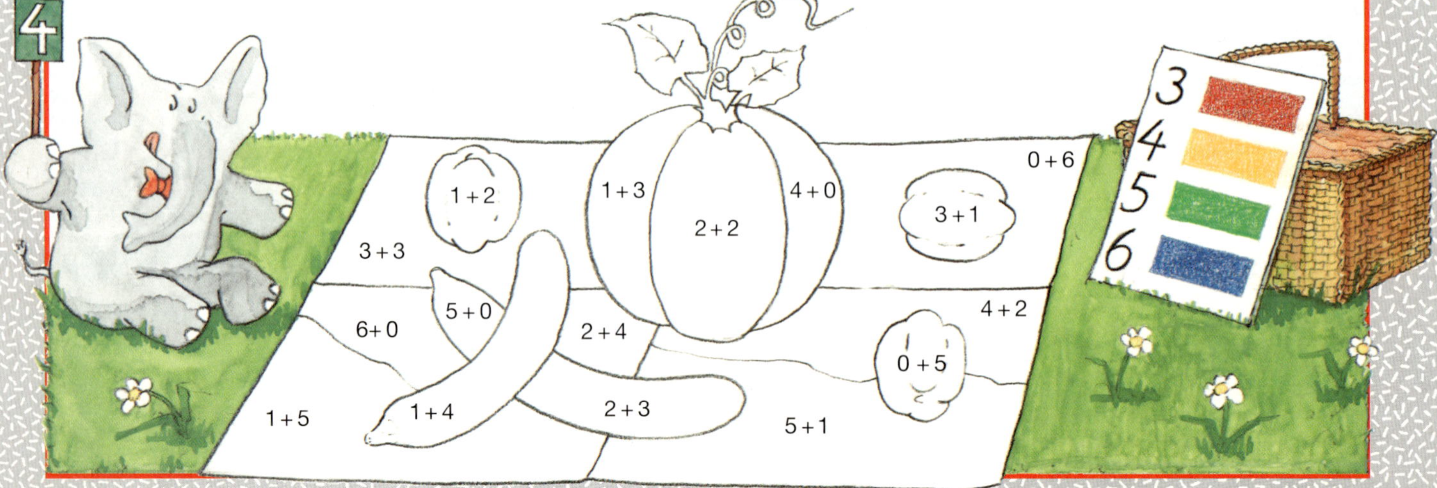

1.

Was fällt dir auf?

2.

☐ + ☐ = ☐	☐ + ☐ = ☐	☐ + ☐ = ☐	☐ + ☐ = ☐
☐ + ☐ = ☐	☐ + ☐ = ☐	☐ + ☐ = ☐	☐ + ☐ = ☐

Tauschaufgaben

3.

1 + 5 = ☐ 5 + 1 = ☐	4 + 1 = ☐ 1 + 4 = ☐	2 + 3 = ☐ 3 + 2 = ☐	2 + 4 = ☐ 4 + 2 = ☐
6 + 0 = ☐ 0 + 6 = ☐	2 + 1 = ☐ 1 + 2 = ☐	3 + 1 = ☐ 1 + 3 = ☐	0 + 2 = ☐ 2 + 0 = ☐

4. Rechne aus und schreibe die Tauschaufgabe.

3 + 2 =	5 + 1 =	4 + 2 =	0 + 1 =
1 + 3 =	2 + 3 =	5 + 0 =	1 + 4 =

1.

2. Was steht links? Was steht rechts? Male an.

3. Was steht oben? Was steht unten? Male an.

1. Die Lage der Spielsachen in den Regalen beschreiben (links, rechts, oben, unten, zwischen usw.)

1.

2.

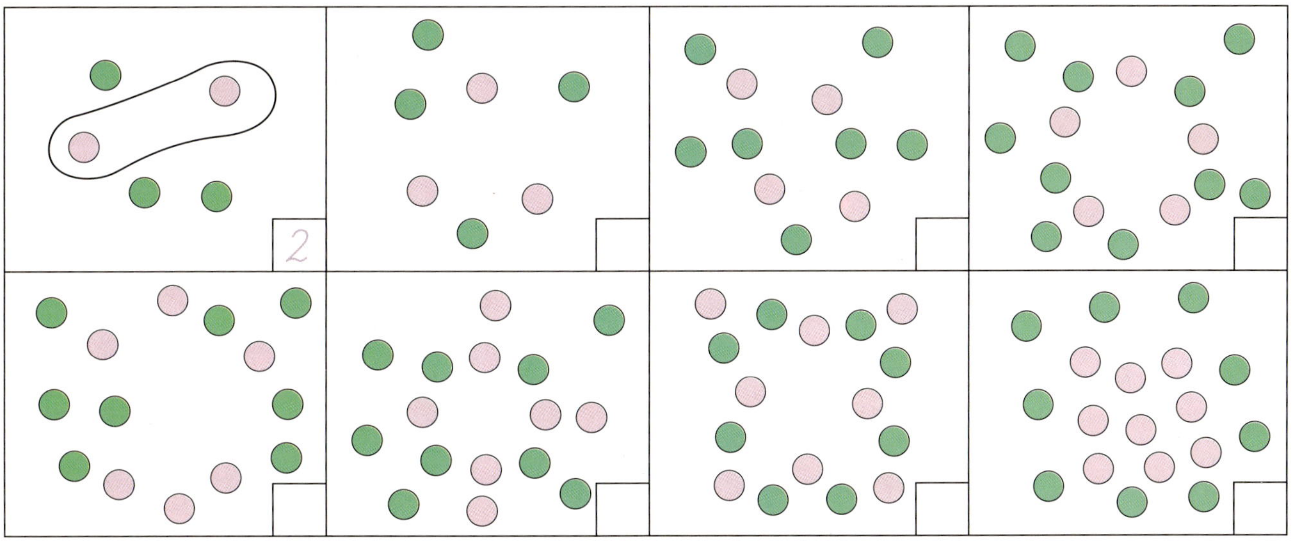

3.

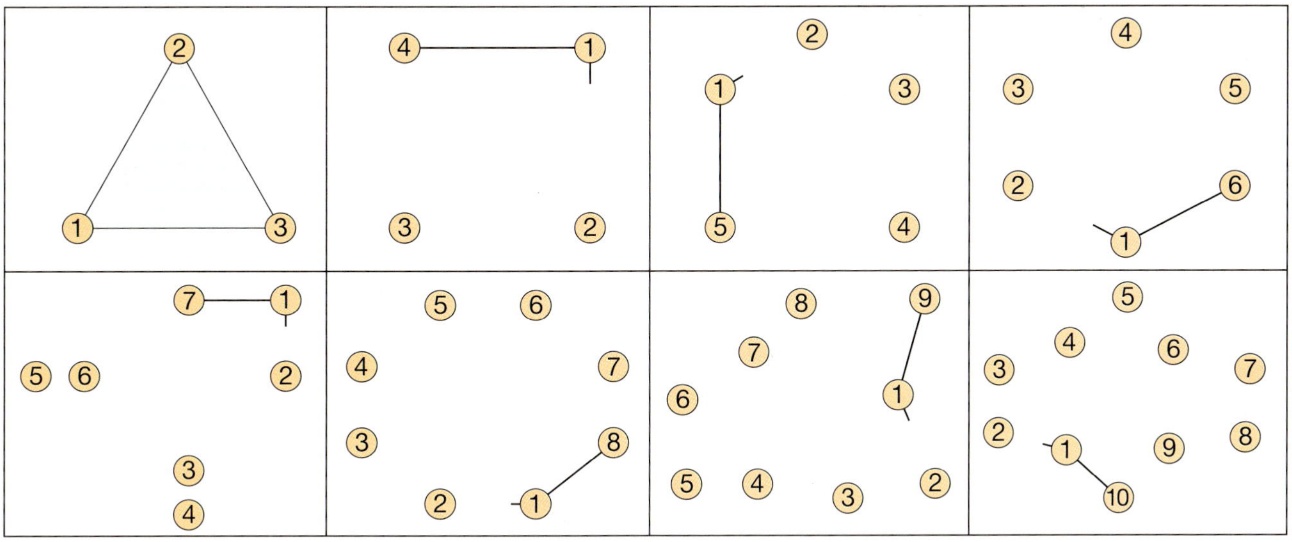

1. Beschreiben, wo sich die Tiere und Menschen befinden (innerhalb, außerhalb, auf dem Rand).
2. Die lila Punkte liegen innen, die grünen außen.

Zahlenausdrücke mit „minus“

1.

4 –

3 –

4 –

2.

4 –

3 –

6 –

3.

Zahlenausdrücke mit „minus“

1.

3 –

2.

3.

5 – 2

3 – 2

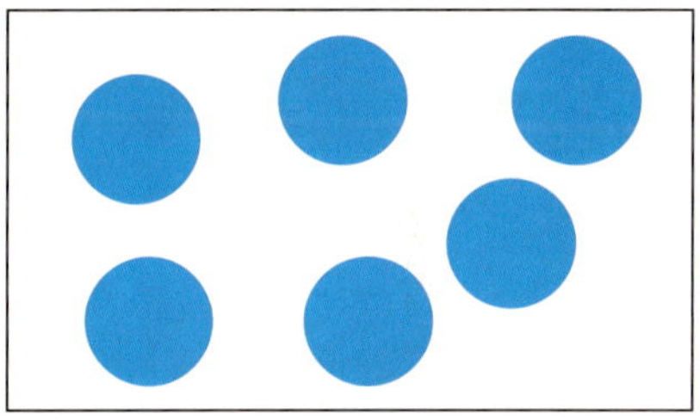

6 – 4

6 – 3

4 – 4

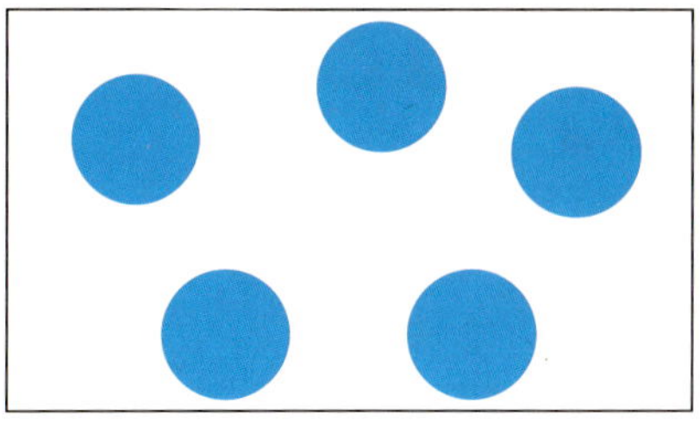

5 – 1

4.

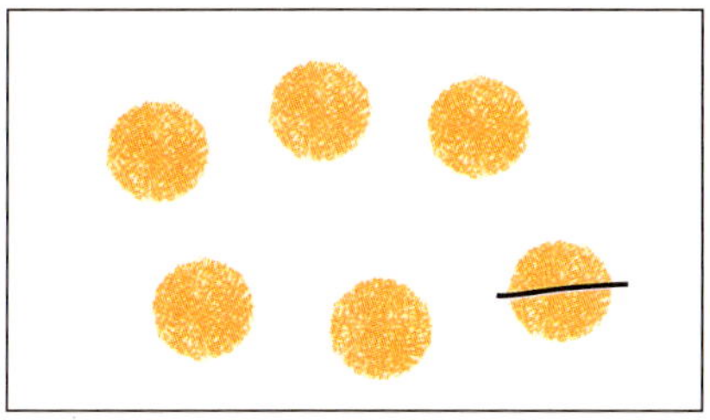

6 – 1

5 – 3

4 – 2

1.

4 – 1 = ☐

4 – 2 = ☐

6 – 2 = ☐

2.

6 – ☐ = ☐

5 – ☐ = ☐

6 – ☐ = ☐

3.

5 – ☐ ☐ ☐

4 – ☐ ☐ ☐

3 – ☐ ☐ ☐

1.

2.

5 – 1 = ☐ ☐ – ☐ = ☐ ☐ – ☐ = ☐ ☐ – ☐ = ☐

☐ – ☐ = ☐ ☐ – ☐ = ☐ ☐ – ☐ = ☐ ☐ – ☐ = ☐

3.

5 – 4 = ☐ 6 – 2 = ☐ 3 – 0 = ☐ 4 – 2 = ☐

5 – 5 = ☐ 6 – 1 = ☐ 3 – 3 = ☐ 4 – 1 = ☐

4. Lege und rechne.

4 – 1 =	2 – 1 =	6 – 5 =	5 – 3 =	2 – 0 =
5 – 3 =	3 – 3 =	4 – 2 =	3 – 1 =	5 – 5 =
3 – 2 =	1 – 0 =	5 – 2 =	4 – 3 =	6 – 0 =
6 – 4 =	5 – 2 =	2 – 1 =	6 – 3 =	5 – 4 =

5.

4 – 3 =	6 – 1 =	5 – 1 =	6 – 4 =
4 – 2 =	6 – 2 =	4 – 1 =	5 – 3 =
4 – 1 =	6 – 3 =	3 – 1 =	4 – 2 =
4 – 0 =	6 – 4 =	2 – 1 =	3 – 1 =

5. Nachbaraufgaben, gleichsinniges Verändern.

1.

5 –

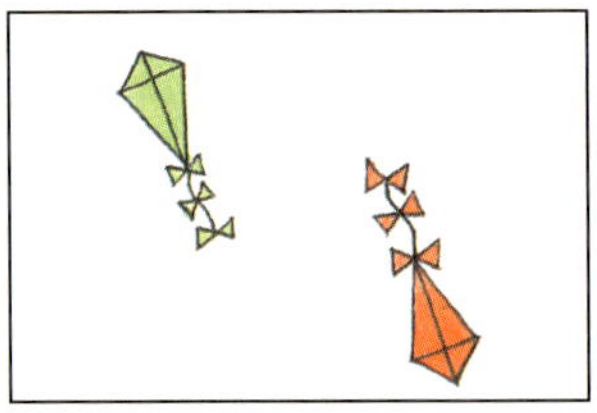

2.

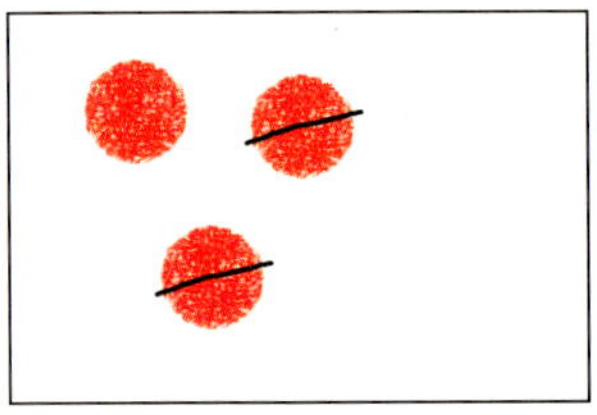

3 – 2 =

5 – 2 =

6 – 4 =

4 – 2 =

3.

4 – 1 =	5 – 5 =	6 – 4 =	2 – 1 =	6 – 2 =
5 – 3 =	6 – 1 =	5 – 3 =	3 – 0 =	5 – 4 =
2 – 0 =	3 – 2 =	3 – 1 =	4 – 2 =	4 – 3 =
3 – 2 =	4 – 4 =	6 – 5 =	5 – 2 =	3 – 2 =

4.

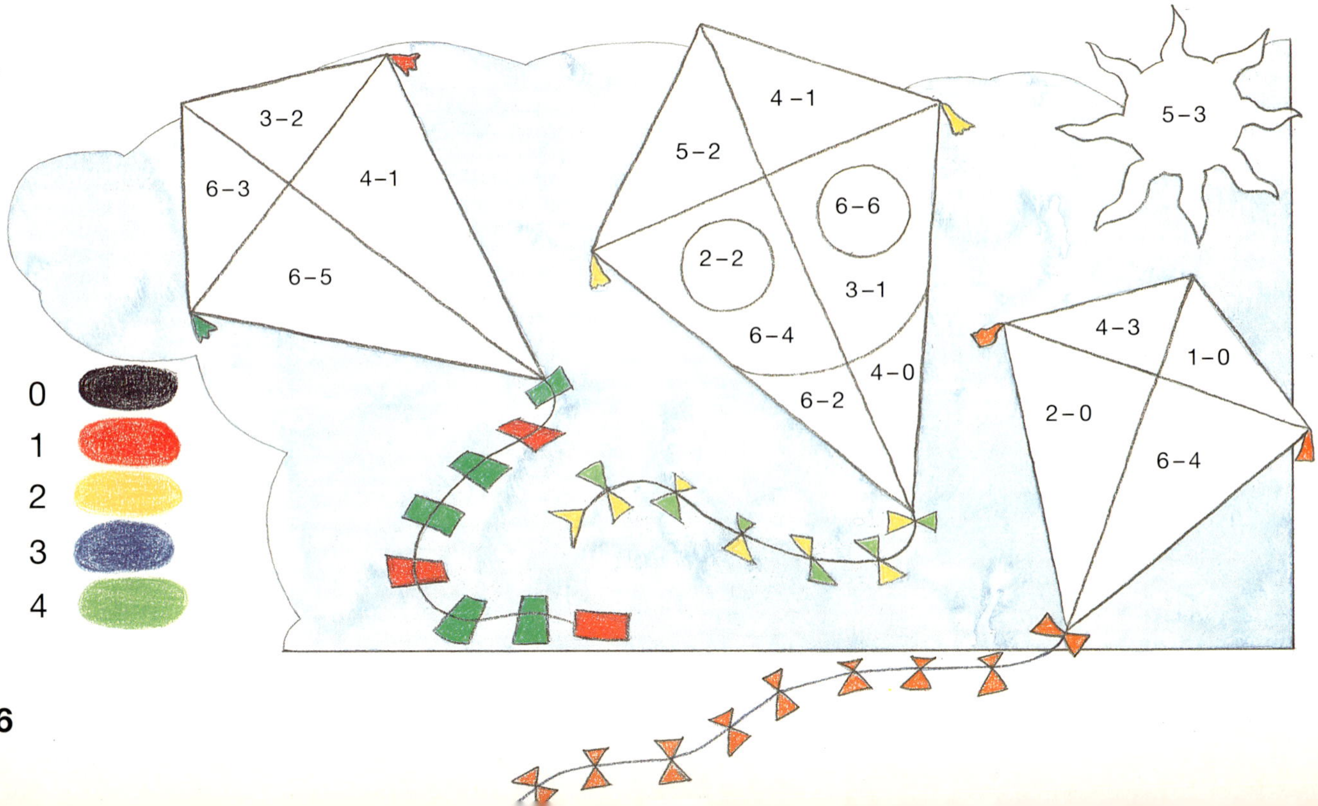

1.

5	–		=	2

2.

5 – ☐ = 1	6 – ☐ = 4	5 – ☐ = 3	4 – ☐ = 4	6 – ☐ = 3
3 – ☐ = 1	6 – ☐ = 5	4 – ☐ = 3	3 – ☐ = 0	5 – ☐ = 2
6 – ☐ = 1	6 – ☐ = 1	2 – ☐ = 0	5 – ☐ = 4	4 – ☐ = 1
4 – ☐ = 1	6 – ☐ = 0	3 – ☐ = 2	6 – ☐ = 6	3 – ☐ = 0

3.

1	+		=	3

4.

3 + ☐ = 6	2 + ☐ = 4	3 + ☐ = 5	0 + ☐ = 3	0 + ☐ = 3
5 + ☐ = 6	2 + ☐ = 6	1 + ☐ = 2	4 + ☐ = 5	1 + ☐ = 4
1 + ☐ = 6	2 + ☐ = 5	4 + ☐ = 4	3 + ☐ = 3	2 + ☐ = 5
4 + ☐ = 6	2 + ☐ = 3	0 + ☐ = 3	5 + ☐ = 5	3 + ☐ = 6

5.

Zahl in der Mitte: 3

- 2 + 1
- 6 – ☐
- 0 + ☐
- 4 – ☐
- 3 + ☐
- 5 – ☐

Zahl in der Mitte: 4

- 6 – 2
- 0 + ☐
- 5 – ☐
- 1 + ☐
- 4 – ☐
- 2 + ☐

1.

Erzähle und rechne.

2.

3.

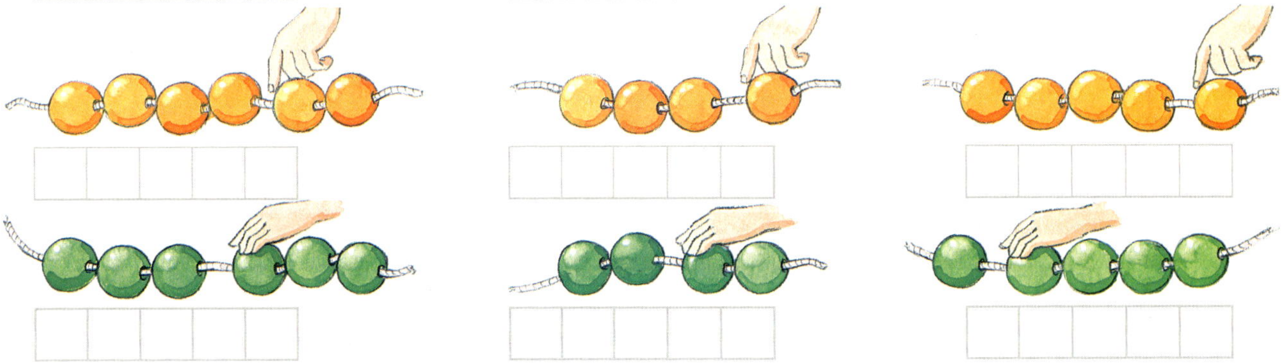

4. Hier kannst du immer etwas entdecken.

3 + ☐ = 5	0 + ☐ = 6	2 + ☐ = 2	6 − ☐ = 6	6 − ☐ = 3
2 + ☐ = 5	2 + ☐ = 6	2 + ☐ = 3	6 − ☐ = 4	5 − ☐ = 2
1 + ☐ = 5	4 + ☐ = 6	2 + ☐ = 4	6 − ☐ = 2	4 − ☐ = 1
0 + ☐ = 5	6 + ☐ = 6	2 + ☐ = 5	6 − ☐ = 0	3 − ☐ = 0

5. Male an und rechne.

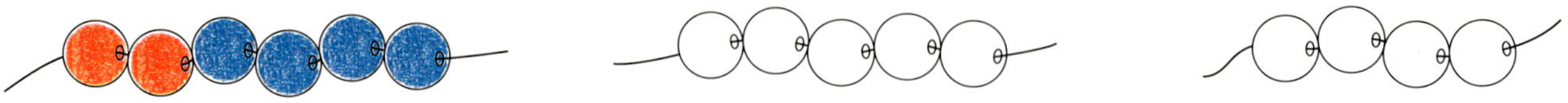

2 + 4 = ☐ 3 + 2 = ☐ 1 + 3 = ☐

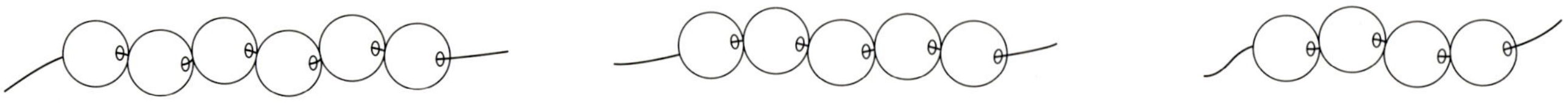

4 + 2 = ☐ 2 + 3 = ☐ 3 + 1 = ☐

1.

☐ − ☐ = ☐ ☐ − ☐ = ☐ ☐ + ☐ = ☐

2.

☐ + ☐ = ☐ ☐ + ☐ = ☐ ☐ − ☐ = ☐

3.

1.

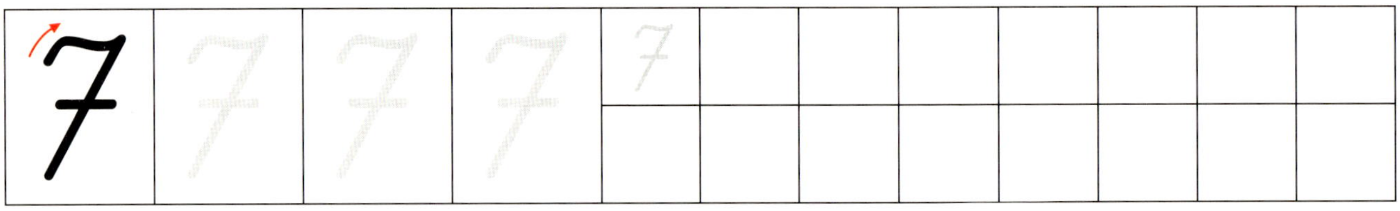

2.

3.

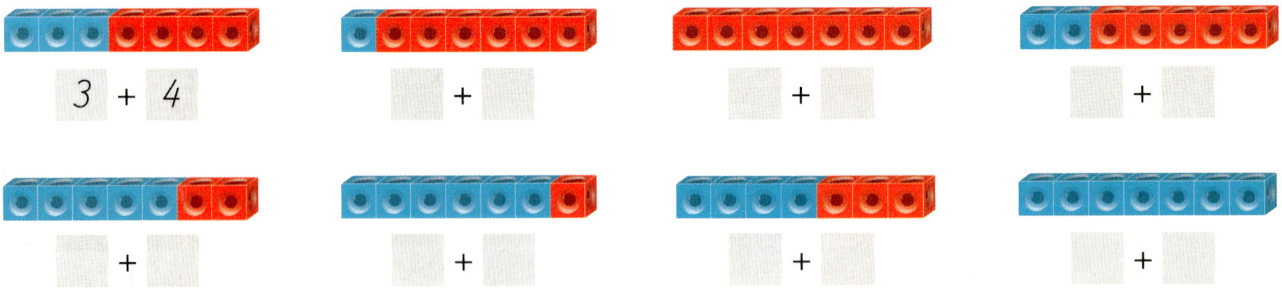

4.

5 + 2 | 6 + 1 | 3 + 4 | 2 + 5

3. Zu allen möglichen Zerlegungen der Zahl 7 die Zahlenausdrücke schreiben.

Die Zahl 8

1.

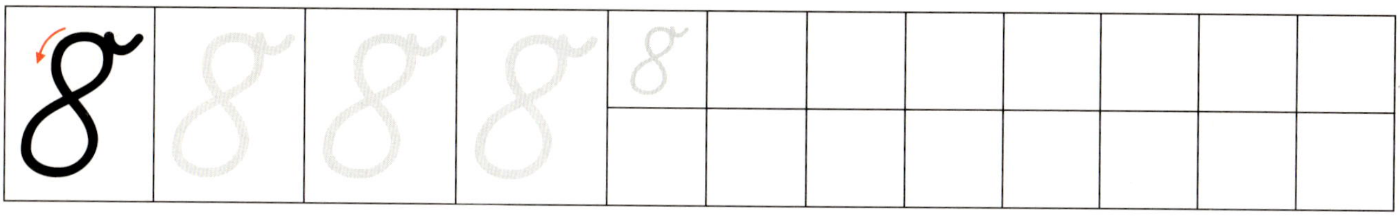

2.

3.

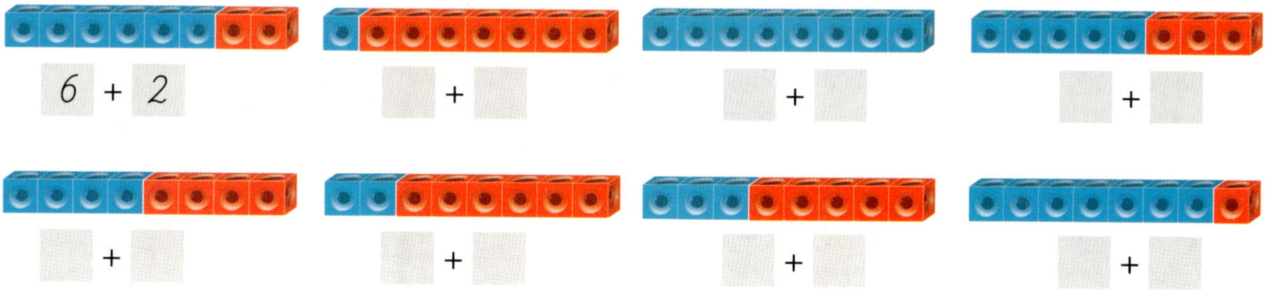

4.

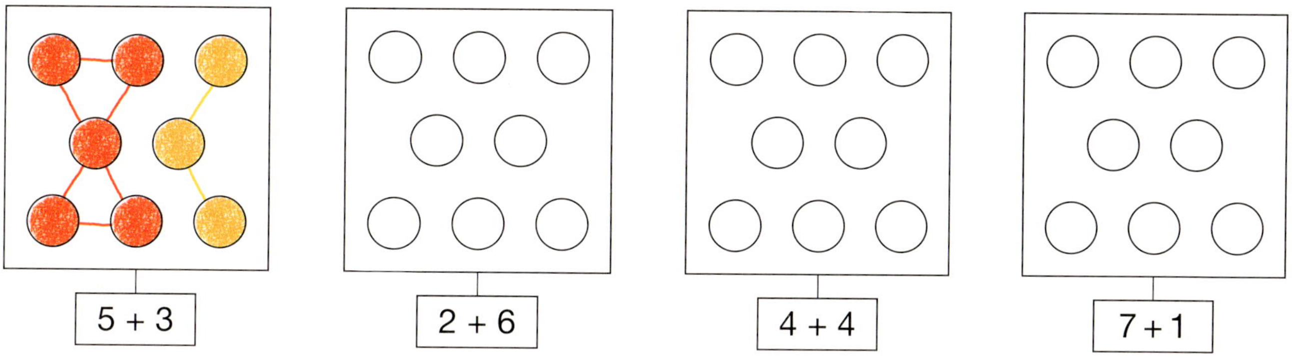

1.

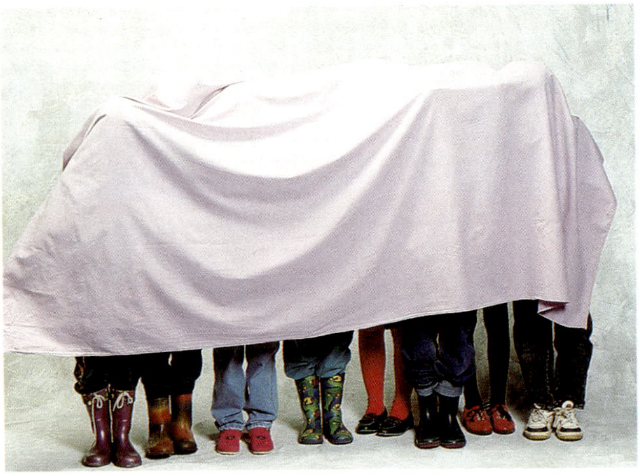

Wie viele Kinder sind es?

Wie viele Mädchen?

Wie viele Jungen?

2.

6 = +

5 = +

8 = +

7 = +

4 = +

3.

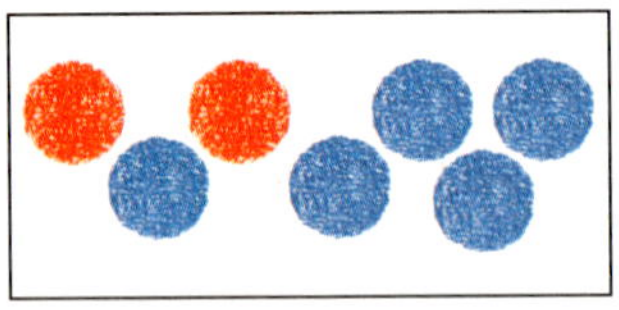

7 = 2 +

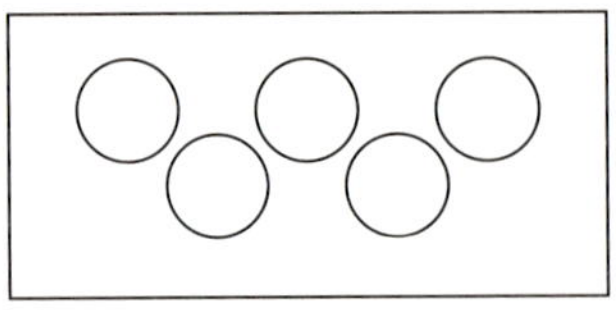

= 0 +

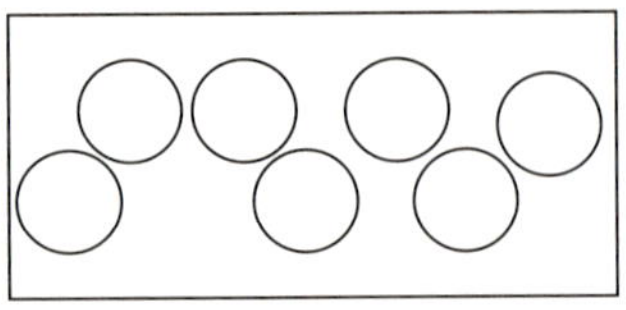

= 1 +

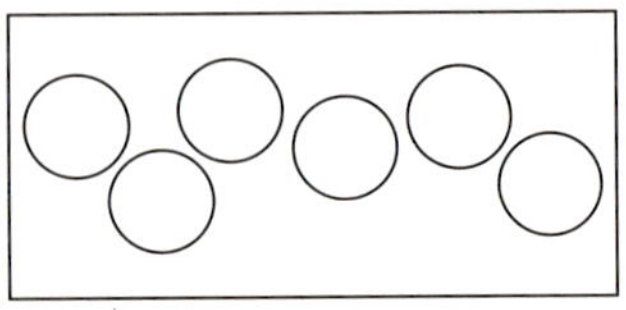

= 6 +

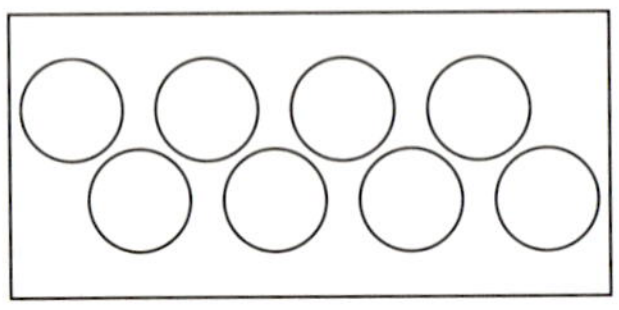

= 3 +

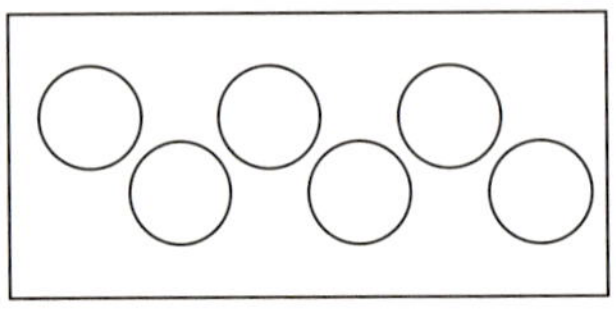

= 2 +

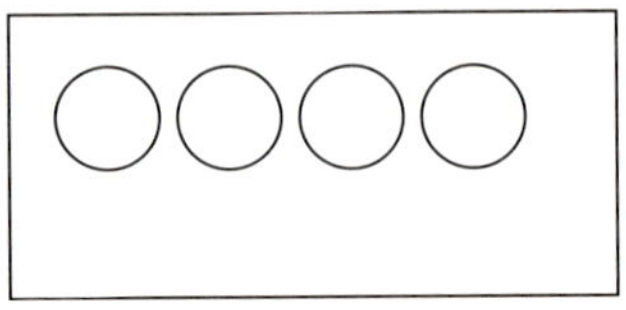

= 3 +

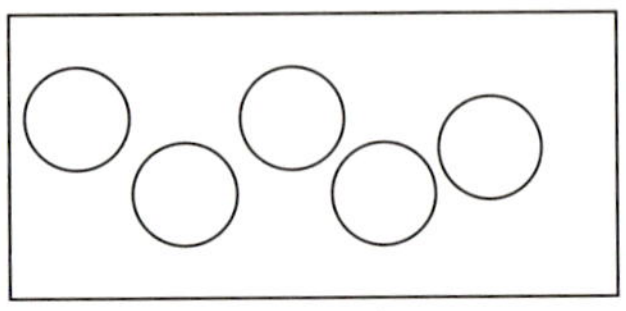

= 4 +

Zerlegen der Zahlen 7 und 8

7	gleich	7 + 0

1.

7	=	6 + 1
7	=	
7	=	
7	=	
7	=	
7	=	
7	=	

2.

8	=	
8	=	
8	=	
8	=	
8	=	
8	=	
8	=	
8	=	
8	=	

3.

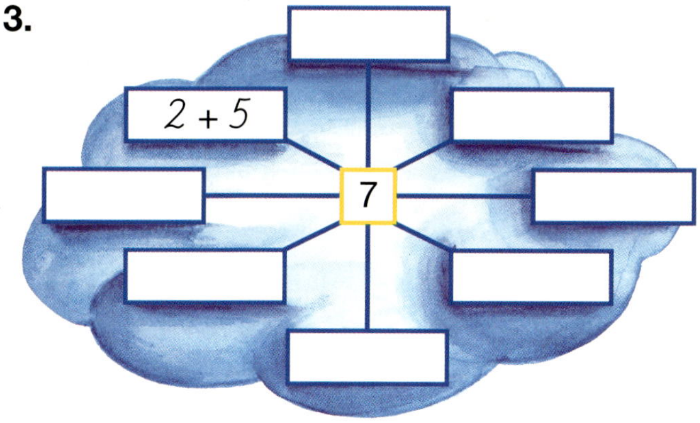

4.

7 = 3 +	8 = 2 +	8 = 1 +
7 = 1 +	8 = 4 +	8 = 8 +
8 = 0 +	7 = 2 +	7 = 2 +
8 = 7 +	7 = 7 +	7 = 6 +

5.

6 = ___ + ___	6 = ___ + ___
5 = ___ + ___	5 = ___ + ___
4 = ___ + ___	4 = ___ + ___
3 = ___ + ___	3 = ___ + ___

5. Verschiedene Lösungen.

Die Zahl 9

1. 9

2.

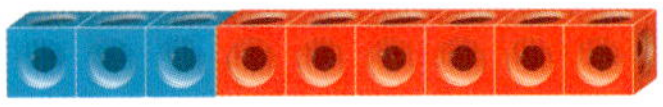

9 = ☐ + ☐

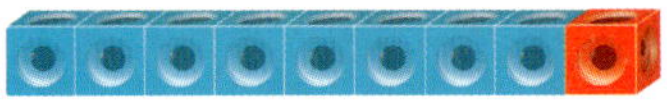

9 = ☐ + ☐

9 = ☐ + ☐

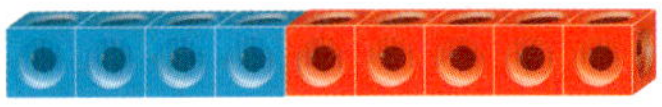

9 = ☐ + ☐

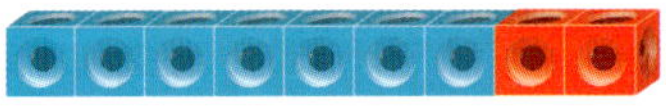

9 = ☐ + ☐

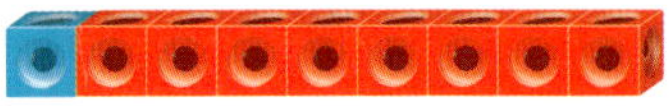

9 = ☐ + ☐

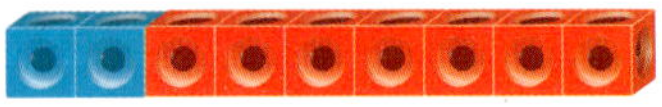

9 = ☐ + ☐

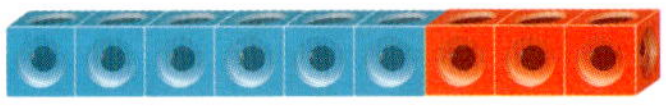

9 = ☐ + ☐

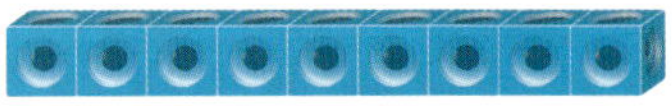

9 = ☐ + ☐

3.

3 + 6

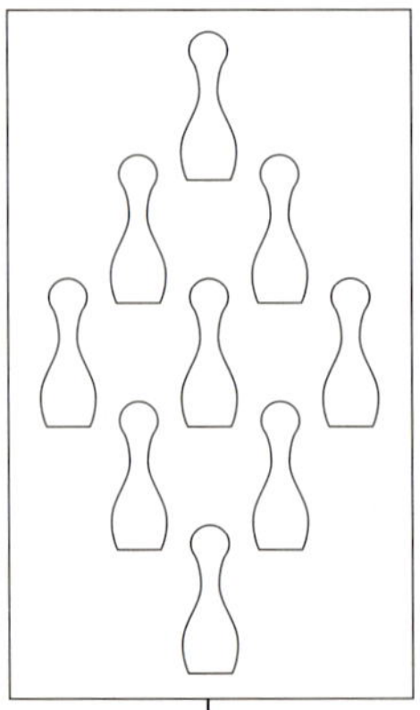

2 + 7

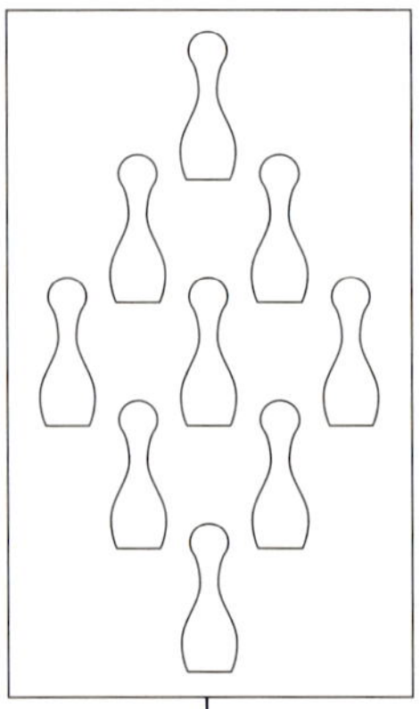

5 + 4

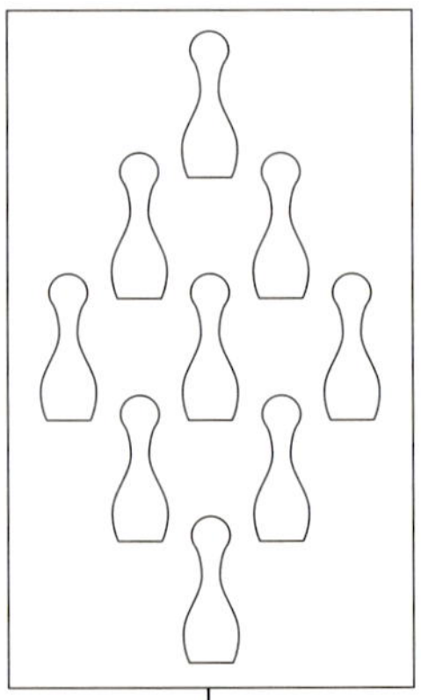

1 + 8

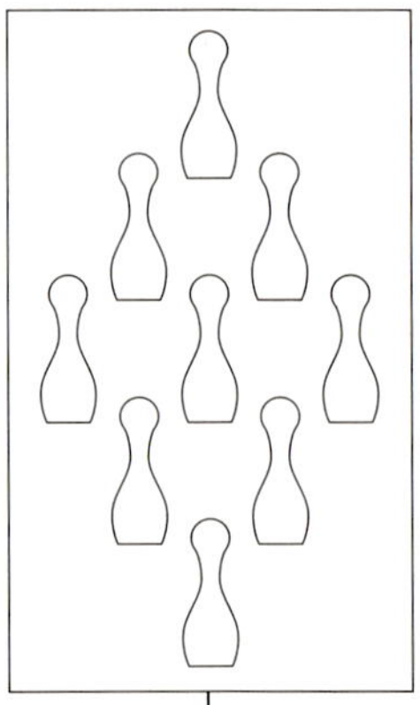

9 + 0

Die Zahl 10

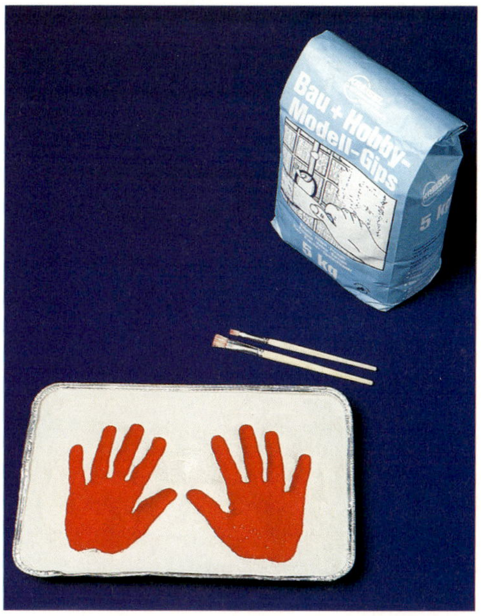

1.

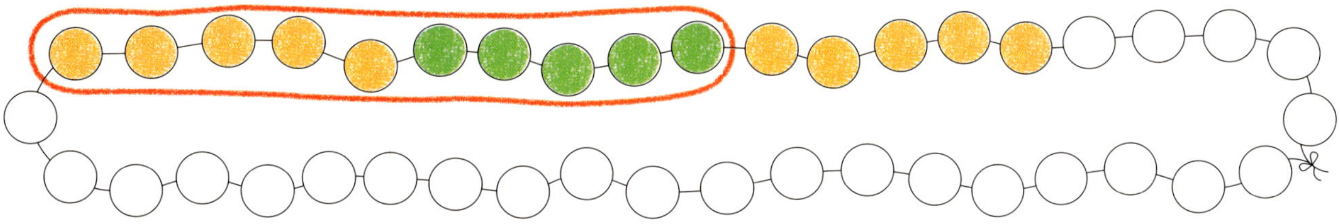

2.

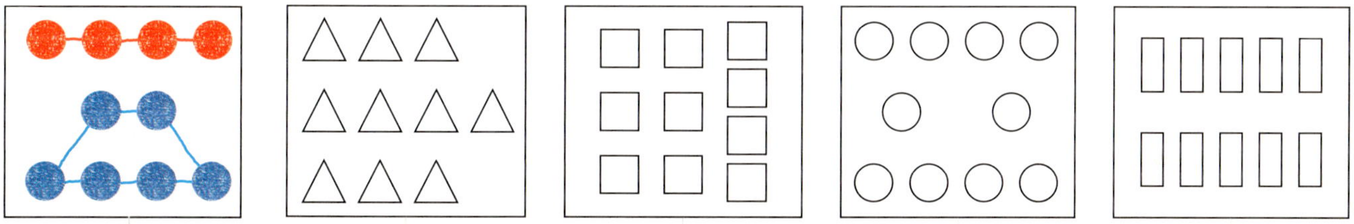

10

3.

0 1 2 3 4 5 6 7 8 9 10

4.

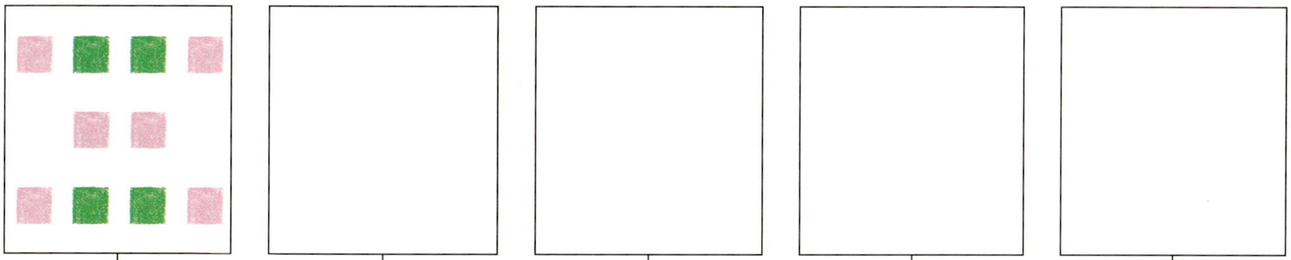

10 | 8 | 9 | 10 | 7

1.

6 + 4

+

+

2.

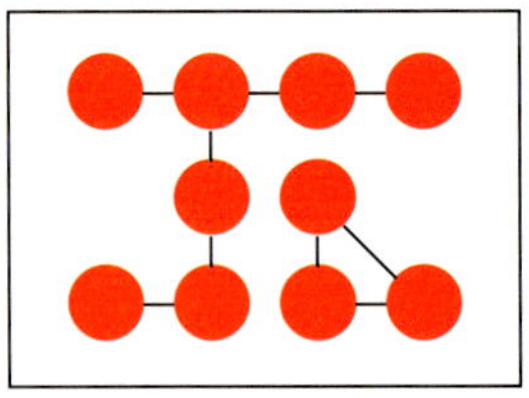

10 = 7 + 3

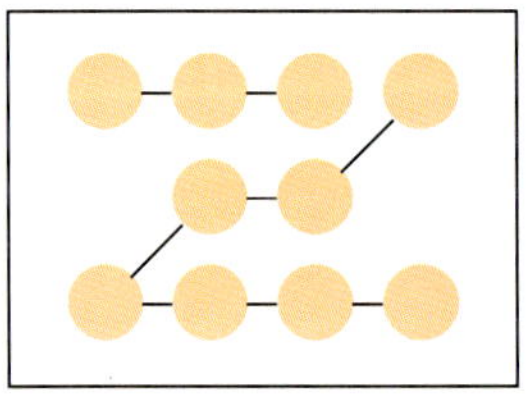

= +

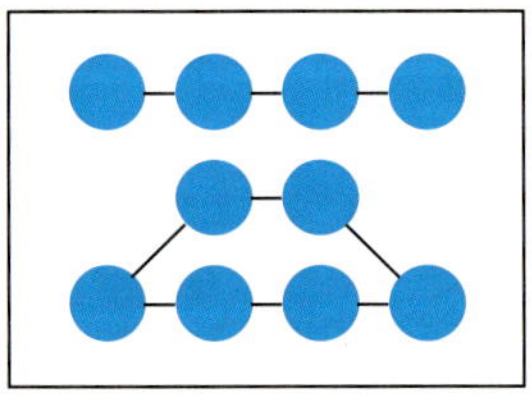

= +

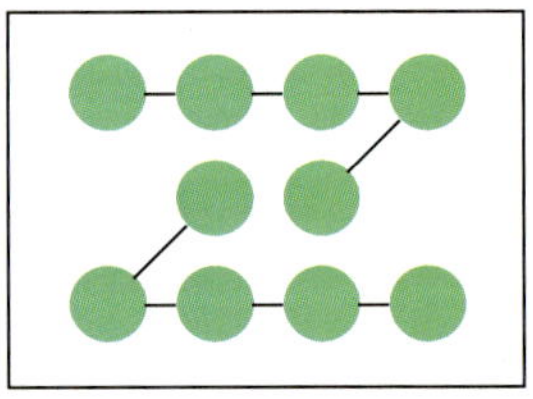

= +

3.

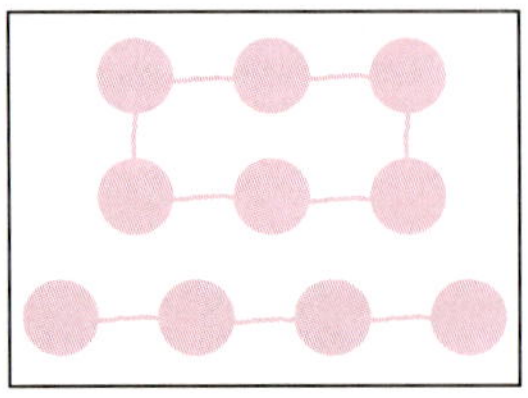

6 + 4 =

3 + 7 =

8 + 2 =

1 + 9 =

4.

1 0

4. Immer 10 Kästchen ausmalen.

1.

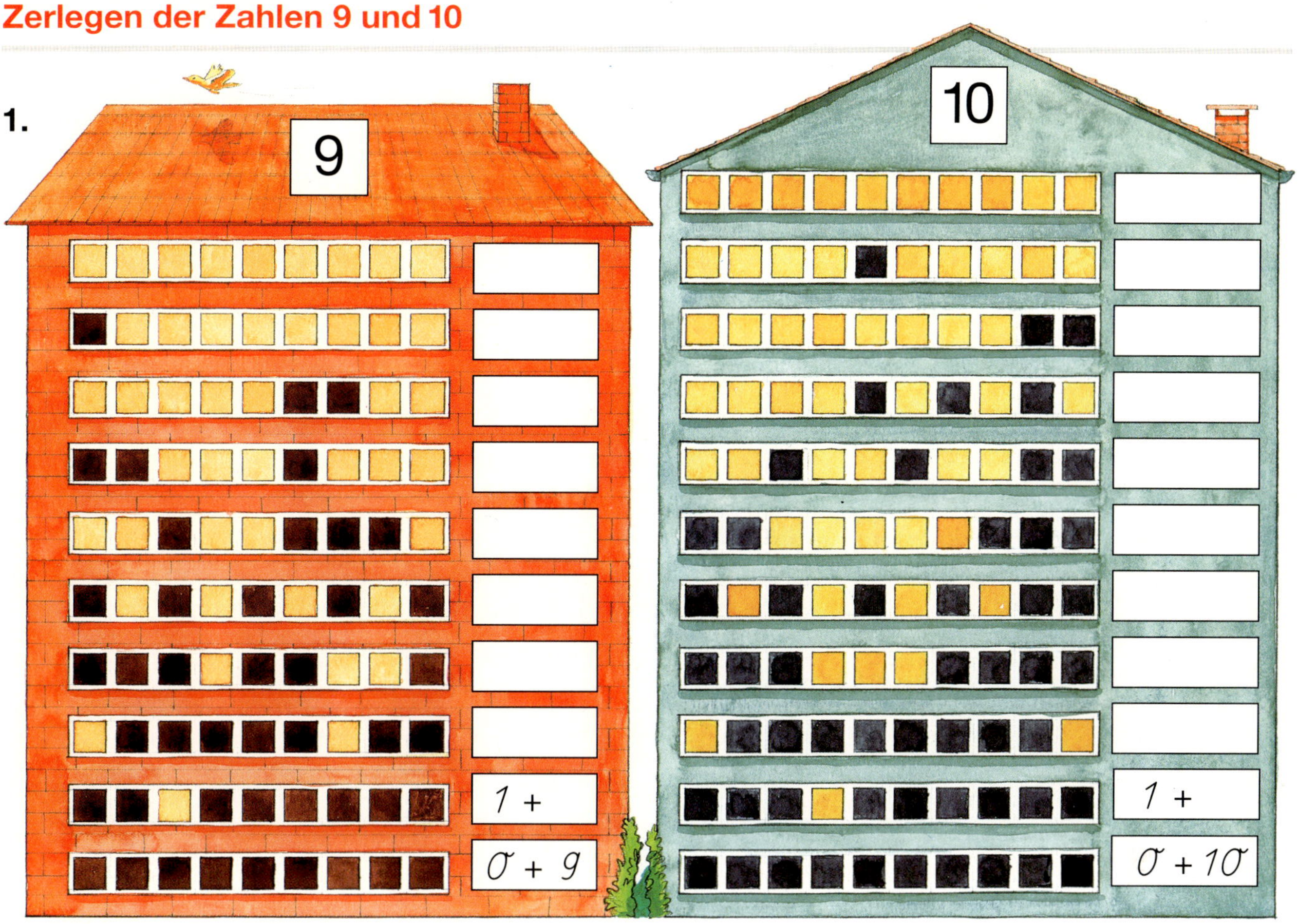

2.

9 = 2 +	9 = 1 +	9 = 7 +	10 = 5 +	10 = 9 +
9 = 5 +	9 = 4 +	9 = 8 +	10 = 2 +	10 = 4 +
9 = 3 +	9 = 6 +	10 = 1 +	10 = 3 +	10 = 7 +
9 = 9 +	9 = 0 +	10 = 0 +	10 = 6 +	10 = 8 +

3.

4.

9 = ☐ + 4	9 = ☐ + 9	10 = ☐ + 3
9 = ☐ + 5	10 = ☐ + 9	9 = ☐ + 3
10 = ☐ + 4	9 = ☐ + 0	10 = ☐ + 7
10 = ☐ + 5	10 = ☐ + 0	9 = ☐ + 7

5.

5 = ☐ + ☐	5 = ☐ + ☐
6 = ☐ + ☐	6 = ☐ + ☐
7 = ☐ + ☐	7 = ☐ + ☐
8 = ☐ + ☐	8 = ☐ + ☐

1.

2.

3.

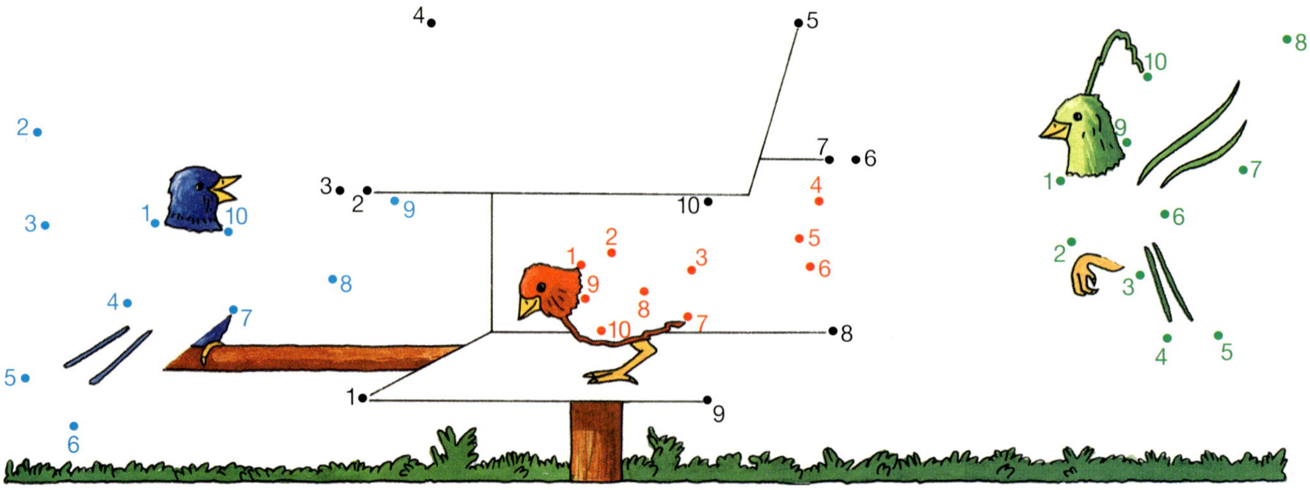

1.

2.

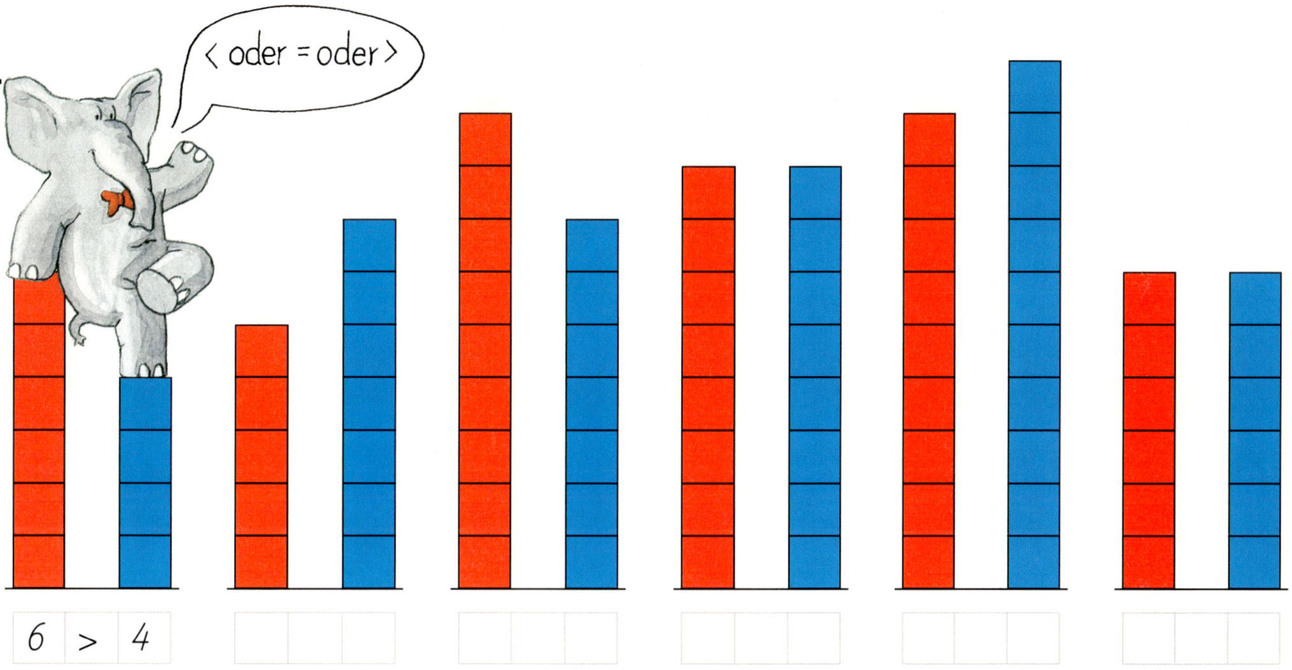

3.

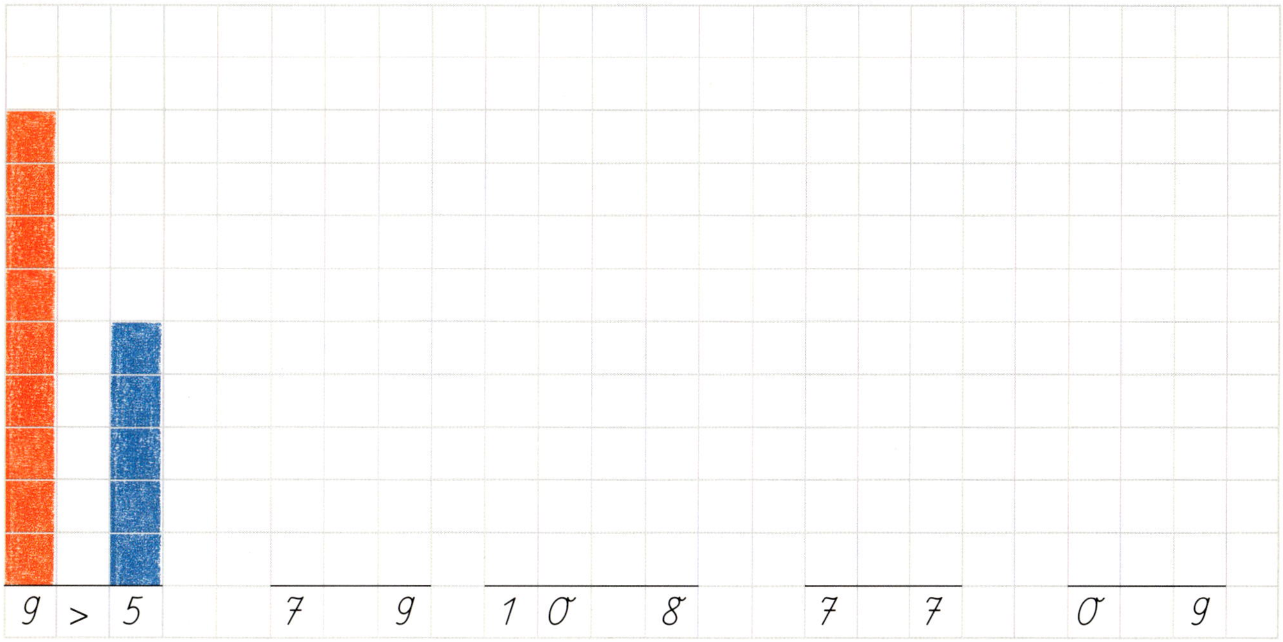

1. **2.**

3.

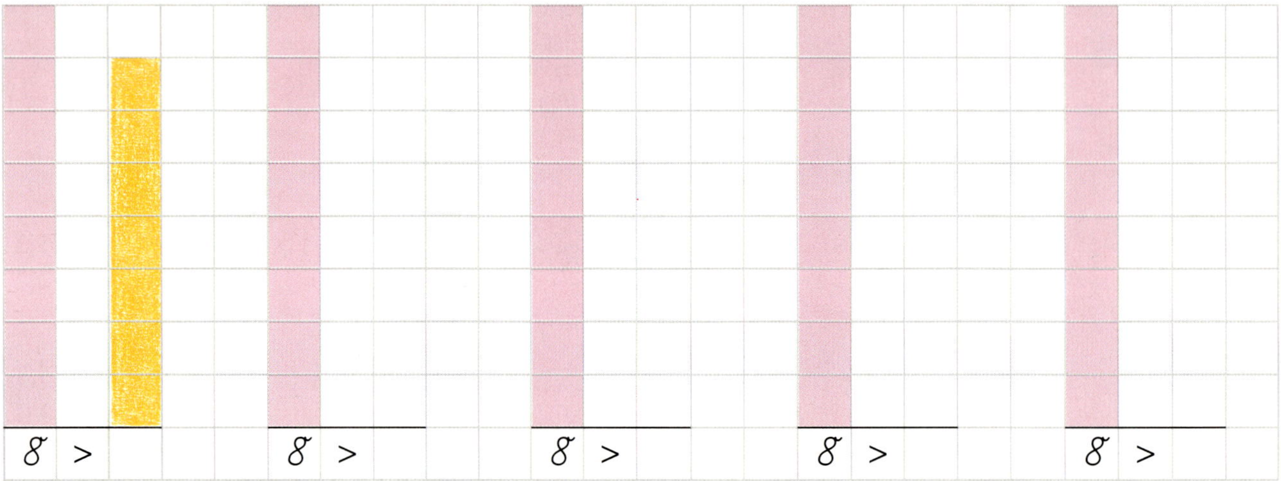

4.

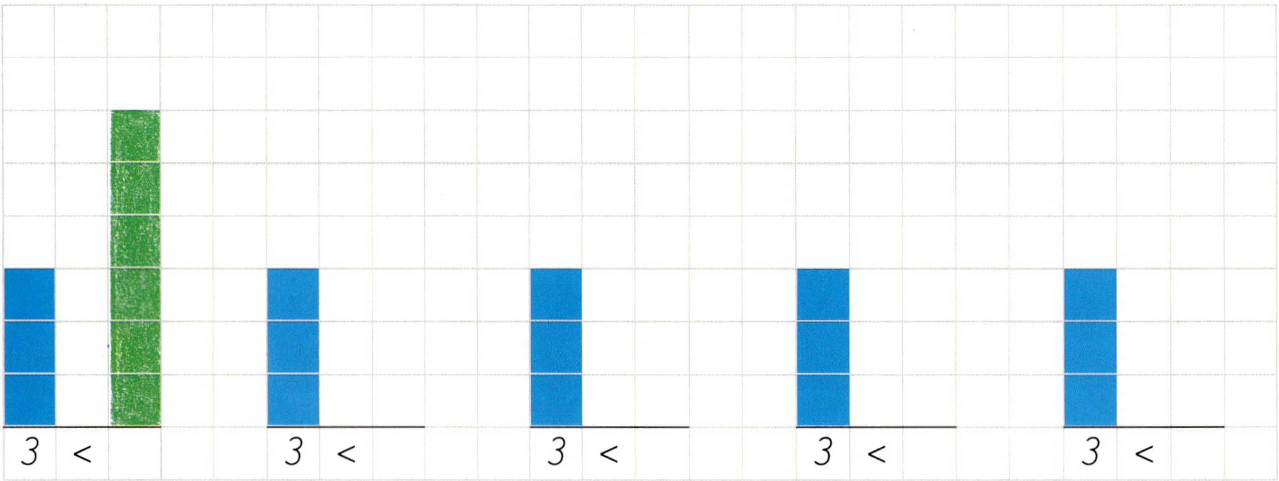

5.			**6.**		
10 >	9 >	5 >	4 <	2 <	6 <
10 >	9 >	5 >	4 <	2 <	6 <
10 >	9 >	5 >	4 <	2 <	6 <
10 >	9 >	5 >	4 <	2 <	6 <
10 >	9 >	5 >	4 <	2 <	6 <

1. bis 6. Verschiedene Lösungsmöglichkeiten.

1.

1. 2.

2.

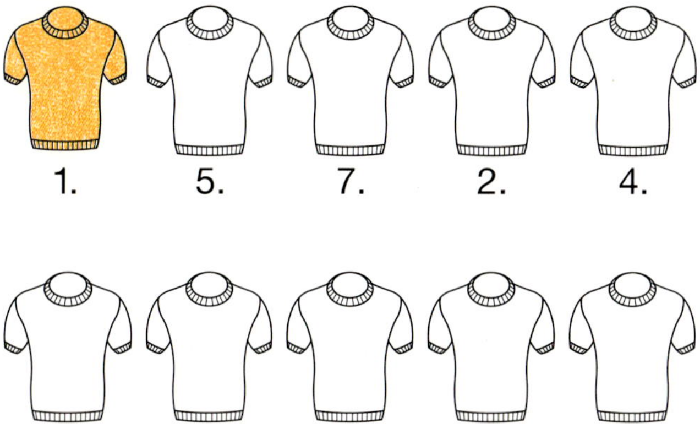

1. 5. 7. 2. 4.

6. 3. 8. 10. 9.

3.

3. Einen möglichen Weg einzeichnen.

Spuren im Schnee

1.

2. Zähle die Kugeln. Ordne die Pfeile zu.

1.

6 + 4 = ___

3 + 6 = ___

6 + ___ = 10

3 + ___ = 9

___ + 4 = 10

___ + 6 = 9

2.

2 + 4 = ___	3 + 3 = ___	4 + 6 = ___	6 + 2 = ___	8 + 1 = ___
2 + 5 = ___	3 + 4 = ___	4 + 5 = ___	5 + 3 = ___	1 + 8 = ___
2 + 6 = ___	3 + 5 = ___	4 + 4 = ___	4 + 4 = ___	7 + 2 = ___

3.

8 + ___ = 10	5 + ___ = 8	8 + ___ = 12	___ + 7 = 10	___ + 1 = 9
7 + ___ = 10	5 + ___ = 9	3 + ___ = 8	___ + 6 = 10	___ + 2 = 9
6 + ___ = 10	5 + ___ = 10	5 + ___ = 9	___ + 5 = 10	___ + 3 = 9
9 + ___ = 10	5 + ___ = 11	6 + ___ = 10	___ + 8 = 10	___ + 4 = 9

4.

S. 54 Nr. 4

3 + 2 =	3 + 3 =	5 + 4 =
4 + 2 =	4 + 3 =	4 + 4 =
5 + 2 =	5 + 3 =	3 + 4 =
6 + 2 =	6 + 3 =	2 + 4 =

2. bis 4. Gleichsinniges und gegensinniges Verändern entdecken, benachbarte Aufgaben.

1.

Erzähle und rechne.

2.

8 – 5 = ___

___ – ___ = ___

___ – ___ = ___

___ – ___ = ___

___ – ___ = ___

___ – ___ = ___

3.

8 – 4 = ___

8 – 6 = ___

7 – 6 = ___

10 – 3 = ___

10 – 5 = ___

9 – 9 = ___

4.

S. 55 Nr. 4

7 – 3 =

10 – 7 =

10 – 9 =

7 – 6 =

8 – 4 =

9 – 3 =

8 – 8 =

9 – 6 =

4. Weitere Aufgaben im Heft zeichnen und rechnen.

1. Erzähle Rechengeschichten.

8 – 2 = ☐

5 + 5 = ☐

☐ – ☐ = ☐

☐ + ☐ = ☐

☐ – ☐ = ☐

☐ + ☐ = ☐

2.

5 + 1 =	3 + 4 =	5 + 3 =	3 + 4 =	9 + 0 =
5 + 2 =	3 + 5 =	6 + 4 =	2 + 5 =	3 + 6 =
4 + 3 =	6 + 2 =	9 + 1 =	5 + 4 =	7 + 0 =
4 + 4 =	7 + 3 =	8 + 0 =	0 + 7 =	6 + 1 =

3.

6 – 1 =	5 – 3 =	8 – 8 =	9 – 5 =
6 – 2 =	6 – 4 =	3 – 3 =	9 – 4 =
6 – 3 =	7 – 5 =	6 – 6 =	9 – 3 =
6 – 4 =	8 – 6 =	7 – 7 =	9 – 2 =

4.

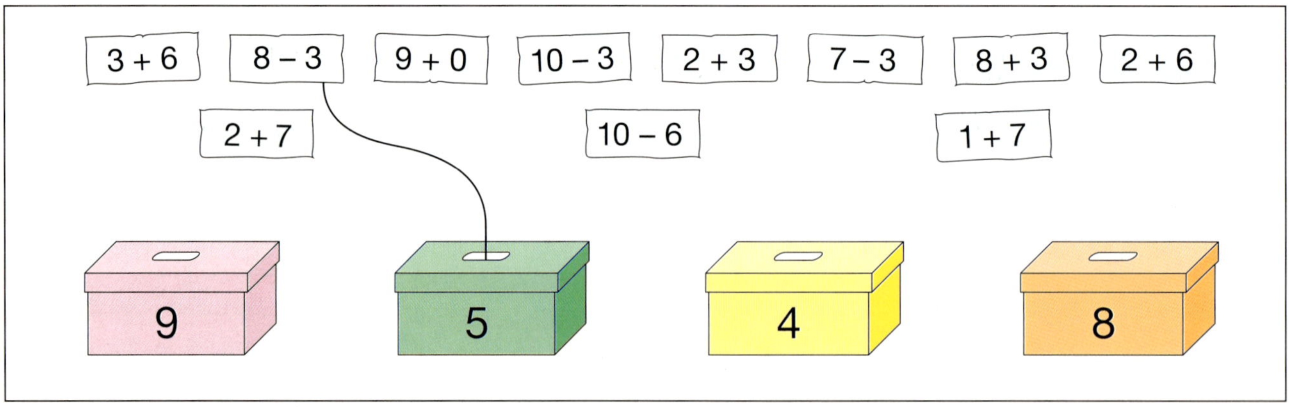

5.

8 – 2 =	10 – 1 =	6 + 4 =
7 – 2 =	10 – 2 =	7 + 3 =
6 – 2 =	10 – 3 =	8 + 2 =
5 – 2 =	10 – 4 =	9 + 1 =

6.

3 + 4 =	9 – 2 =	2 + 7 =
4 + 3 =	8 – 3 =	3 + 5 =
5 + 2 =	7 – 4 =	4 + 3 =
2 + 5 =	6 – 5 =	5 + 1 =

3. Gleichsinniges Verändern und benachbarte Aufgaben entdecken.

1.

__ + __ + __ = __

2.

__ + __ + __ = __

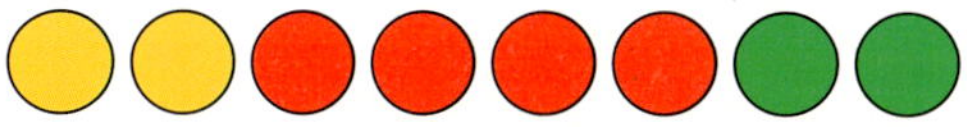

__ + __ + __ = __

__ + __ + __ = __

3.

3 + 2 + 1 = __	1 + 2 + 3 = __
3 + 4 + 2 = __	2 + 4 + 1 = __
4 + 1 + 5 = __	2 + 3 + 3 = __
4 + 0 + 6 = __	3 + 5 + 2 = __

4.

2 + 2 + __ = 6	4 + 2 + __ = 8
5 + 2 + __ = 9	3 + 2 + __ = 8
6 + 2 + __ = 10	2 + 2 + __ = 8
3 + 7 + __ = 12	1 + 2 + __ = 8

5.

9 − 2 − 3 = __

6.

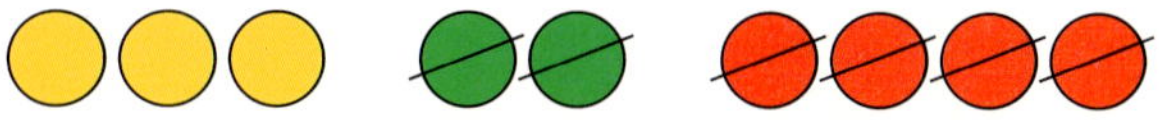

9 − __ − __ = __

8 − __ − __ = __

10 − __ − __ = __

7.

10 − 1 − 1 = __	10 − 4 − 4 = __
9 − 2 − 2 = __	9 − 3 − 0 = __
8 − 4 − 3 = __	12 − 2 − 1 = __
7 − 3 − 4 = __	6 − 3 − 3 = __

8.

10 − 5 − __ = 0	7 − 0 − __ = 5
8 − 5 − __ = 0	9 − 5 − __ = 1
7 − 1 − __ = 1	6 − 2 − __ = 0
9 − 4 − __ = 1	12 − 2 − __ = 8

9.

3 + 4 + 3 = __	4 + 3 + 3 = __
2 + 5 + 2 = __	5 + 2 + 2 = __
1 + 6 + 3 = __	3 + 6 + 1 = __
4 + 1 + 2 = __	2 + 4 + 1 = __
5 + 2 + 3 = __	3 + 5 + 2 = __

10.

10 − 2 − 2 = __	9 − 8 − 1 = __
10 − 3 − 4 = __	8 − 7 − 1 = __
10 − 4 − 5 = __	7 − 6 − 1 = __
10 − 5 − 1 = __	6 − 5 − 1 = __
10 − 6 − 4 = __	5 − 4 − 1 = __

1.

2.

6		
5	+	
4	+	
2	+	
3	+	
6	+	

9		
7	+	
6	+	
0	+	
8	+	
5	+	

10				
4	+	4	+	
7	+	2	+	
5	+	4	+	
3	+	7	+	
5	+	1	+	

1. Personenzahl für jedes Stockwerk bestimmen.

Ergänzen

1.

4 + ___ = 10

7 + ___ = 10

10 + ___ = 10

2. Wie viele fehlen?

9 + ___ = 10	0 + ___ = 6	8 + ___ = 9	4 + ___ = 7	3 + ___ = 8
4 + ___ = 10	3 + ___ = 6	9 + ___ = 9	4 + ___ = 9	3 + ___ = 10
5 + ___ = 10	6 + ___ = 6	6 + ___ = 9	4 + ___ = 6	3 + ___ = 7
6 + ___ = 10	5 + ___ = 6	1 + ___ = 9	4 + ___ = 5	3 + ___ = 12

3.

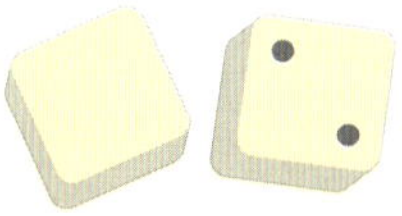

___ + 2 = 5

___ + 3 = 9

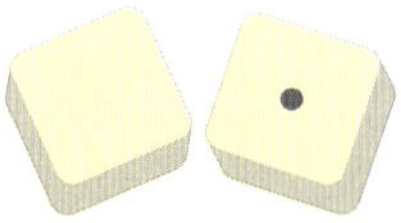

___ + 1 = 2

___ + 6 = 10

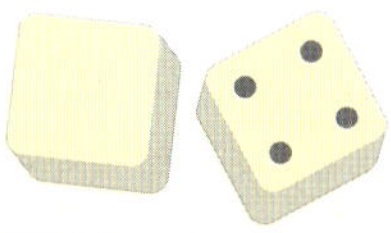

___ + 4 = 9

___ + 5 = 7

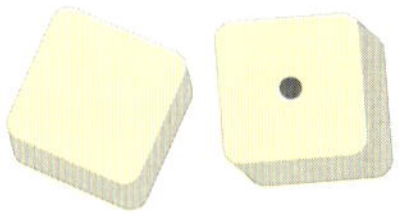

___ + 1 = 5

___ + 6 = 8

___ + 3 = 6

___ + 6 = 12

4.

___ + 4 = 7	___ + 8 = 9	___ + 7 = 10	___ + 3 = 8	___ + 3 = 6
___ + 2 = 7	___ + 6 = 9	___ + 2 = 10	___ + 4 = 8	___ + 5 = 6
___ + 3 = 7	___ + 7 = 9	___ + 6 = 10	___ + 1 = 8	___ + 6 = 6
___ + 5 = 7	___ + 9 = 9	___ + 3 = 10	___ + 0 = 8	___ + 2 = 6

5.

8

3	+	
6	+	
1	+	
5	+	
8	+	

7

3	+	
5	+	
7	+	
6	+	
0	+	

10

	+	7
	+	3
	+	0
	+	4
	+	10

11

3	+	6	+	
4	+	5	+	
5	+	5	+	
6	+	4	+	
7	+	4	+	

1.

10	$10 - \square = 5$	10	$10 - \square = 3$

2.

$6 - \square = 4$	$7 - \square = 3$	$8 - \square = 1$	$9 - \square = 5$	$10 - \square = 4$
$6 - \square = 3$	$7 - \square = 4$	$8 - \square = 2$	$9 - \square = 3$	$10 - \square = 7$
$6 - \square = 2$	$7 - \square = 5$	$8 - \square = 0$	$9 - \square = 1$	$10 - \square = 2$
$6 - \square = 1$	$7 - \square = 2$	$8 - \square = 3$	$9 - \square = 4$	$10 - \square = 6$
$6 - \square = 0$	$7 - \square = 7$	$8 - \square = 5$	$9 - \square = 2$	$10 - \square = 1$

3. Erzähle und rechne.

______ ______ ______ ______

4. Zerlege.

$6 = 1 + 2 + \square$	$8 = 2 + \square + \square$
$6 = 2 + 3 + \square$	$8 = 3 + \square + \square$
$6 = 3 + 0 + \square$	$8 = 4 + \square + \square$
$6 = 4 + 1 + \square$	$8 = 5 + \square + \square$
$6 = 0 + 4 + \square$	$8 = 6 + \square + \square$

5.

	+		+	
	+		+	
	+		+	
	+		+	
	+		+	

2. Plättchen legen und feststellen, wie viele weggenommen werden müssen.

1.

2.

☐ + 1 = ☐ —— ☐ − 1 = ☐

3. Aufgabe und Umkehraufgabe.

3 + 4 = 7 —— 7 − 4 = 3

☐ + 2 = ☐ —— ☐ − 2 = ☐

☐ + 8 = ☐ —— ☐ − 8 = ☐

4. Rechne auch die Umkehraufgabe.

5 + 3 = 8	8 − 3 = 5	4 − 1 = ☐	☐ + ☐ = ☐
4 + 2 = ☐	☐ − 2 = ☐	7 − 3 = ☐	☐ + ☐ = ☐
6 + 4 = ☐	☐ − 4 = ☐	9 − 4 = ☐	☐ + ☐ = ☐

1. Zu den Bildern erzählen und rechnen.

FUTTER
FUTTER

1.

10 = ☐ + ☐ 10 = ☐ + ☐ 10 = ☐ + ☐ 10 = ☐ + ☐ 10 = ☐ + ☐

2.

9 = 8 + ☐	7 = 4 + ☐	8 = 3 + ☐	10 = 8 + ☐
4 = 2 + ☐	6 = 4 + ☐	7 = 4 + ☐	11 = 8 + ☐
8 = 5 + ☐	5 = 4 + ☐	9 = 4 + ☐	12 = 8 + ☐

3.

6

4	+	
1	+	
3	+	

10

3	+	
5	+	
7	+	

10

3	+	4	+	
	+	7	+	1
6	+		+	2

12

	+	7
	+	2
	+	3

4.

4 + 3 + 1 = ☐	6 + 2 + 1 = ☐	3 + 2 + 5 = ☐	2 + 2 + ☐ = 10
2 + 4 + 3 = ☐	1 + 5 + 1 = ☐	4 + 1 + 4 = ☐	5 + 1 + ☐ = 9
5 + 2 + 3 = ☐	3 + 2 + 2 = ☐	1 + 6 + 1 = ☐	4 + 4 + ☐ = 12

5.

10 – 2 – 2 = ☐	8 – 4 – 1 = ☐	9 – 2 – 2 = ☐	10 – 5 – ☐ = 0
9 – 5 – 3 = ☐	7 – 3 – 3 = ☐	8 – 1 – 2 = ☐	7 – 2 – ☐ = 4
10 – 5 – 5 = ☐	6 – 1 – 2 = ☐	6 – 3 – 2 = ☐	10 – 4 – ☐ = 2

6.

1.

Was kannst du auf dem Bild erkennen?

2.

1.

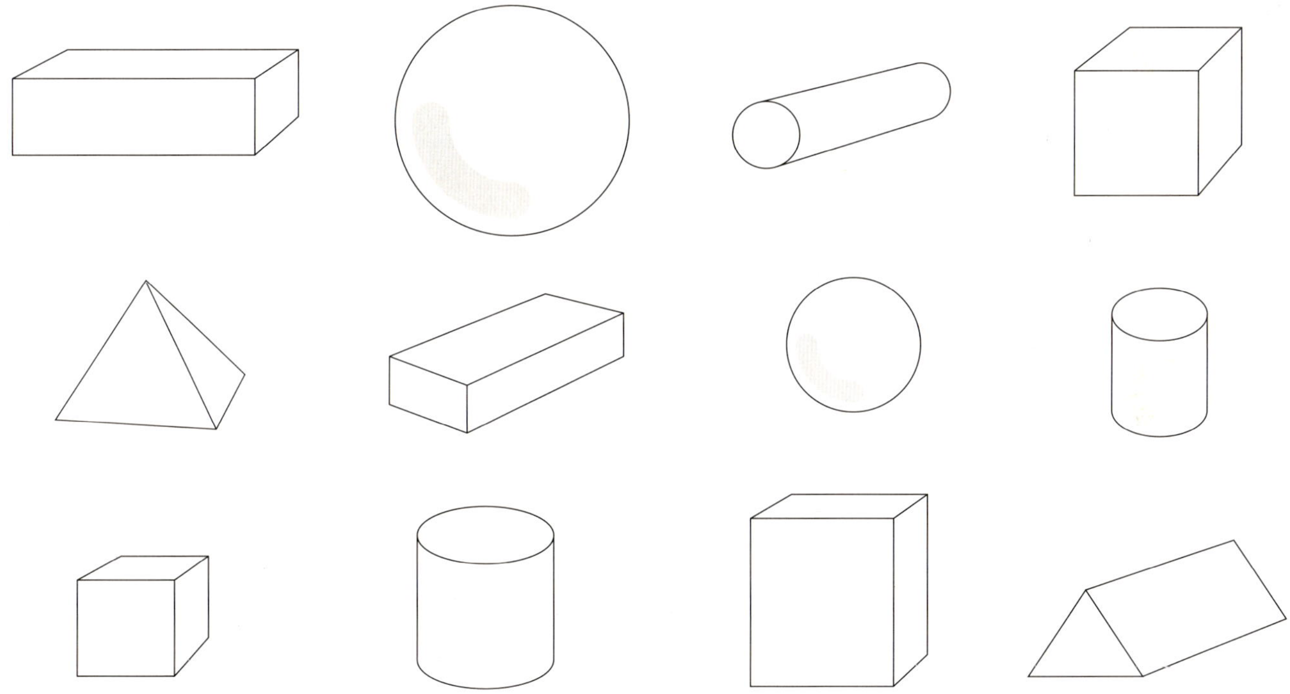

2. Male an.

1. Figuren in derselben Farbe anmalen wie im Bild. 2. Wiederholung.

Bauen mit Körpern

1.

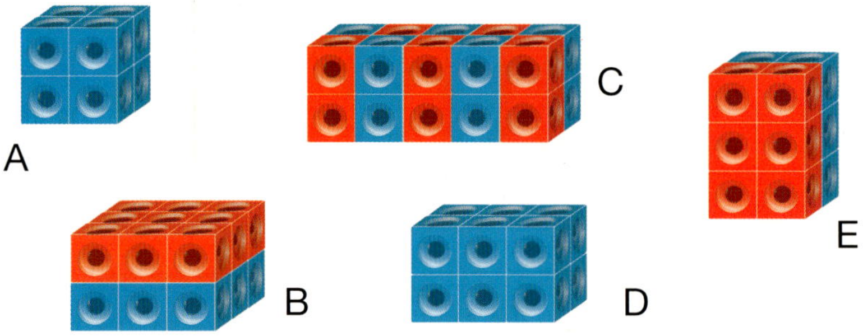

2.

6 + 4 = ___

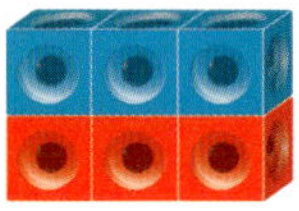

___ + ___ = ___

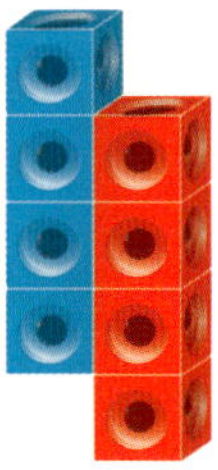

___ + ___ = ___

___ + ___ = ___

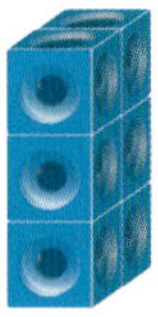

___ + ___ = ___

___ + ___ = ___

___ + ___ = ___

___ + ___ = ___

3.

___ + ___ = ___

___ + ___ = ___

___ + ___ = ___

___ + ___ = ___

___ + ___ = ___

___ + ___ = ___

___ + ___ = ___

___ + ___ = ___

1.

2.

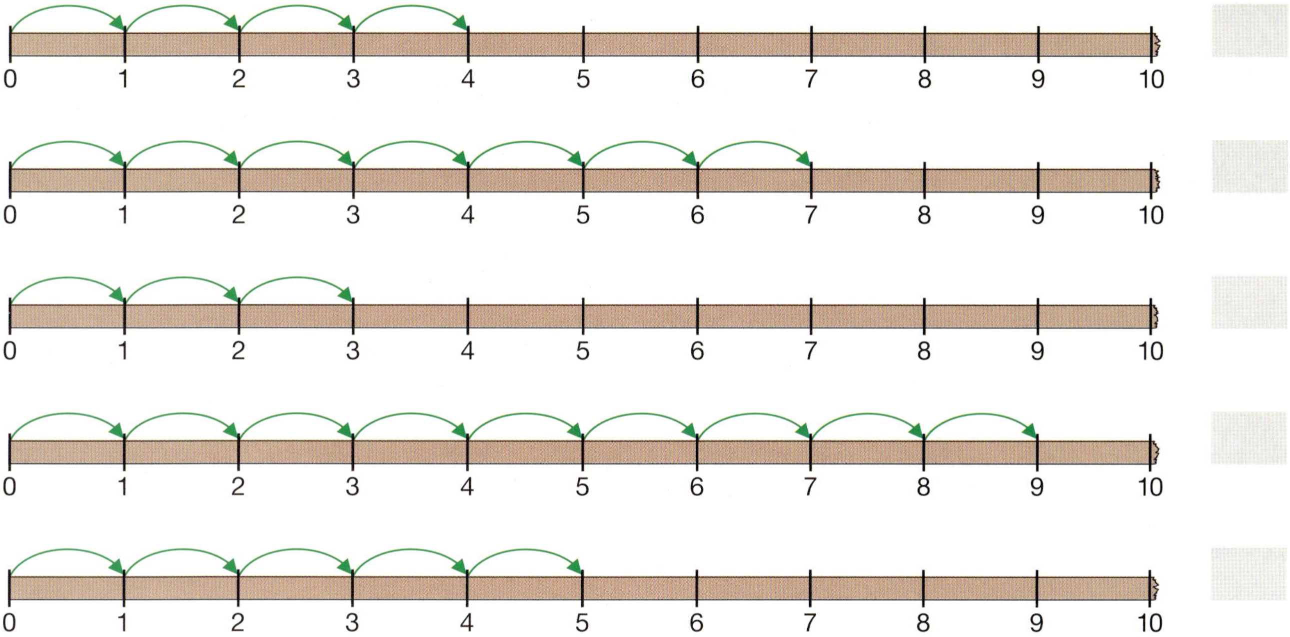

3.

3

6

8

1

10

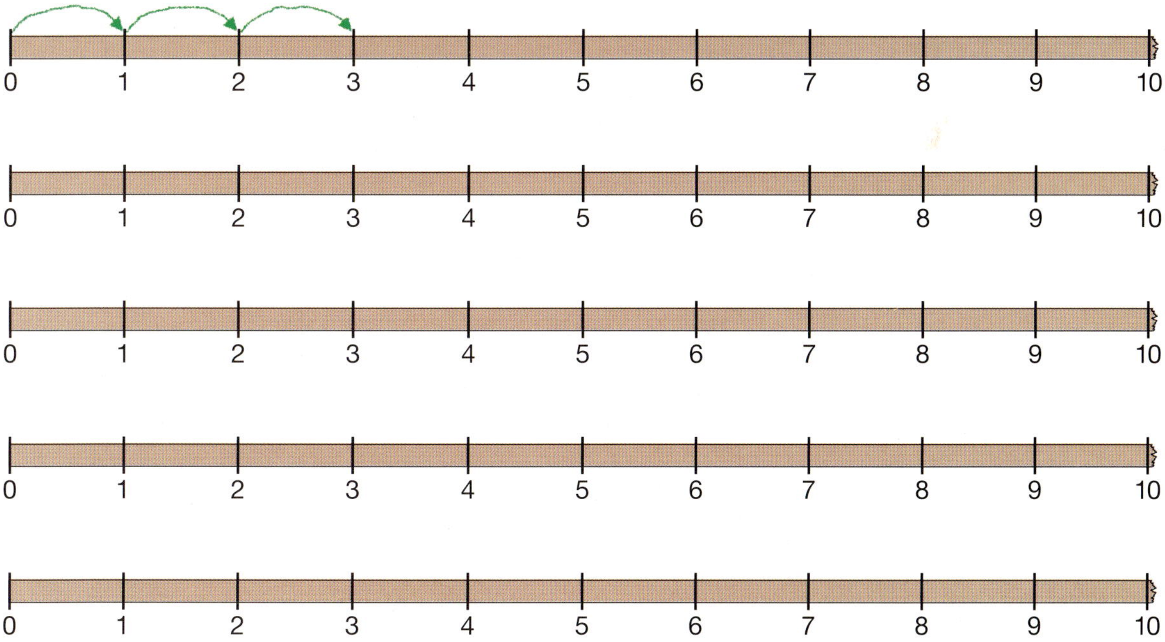

1. und 2. Schritte zählen.

1.

2.

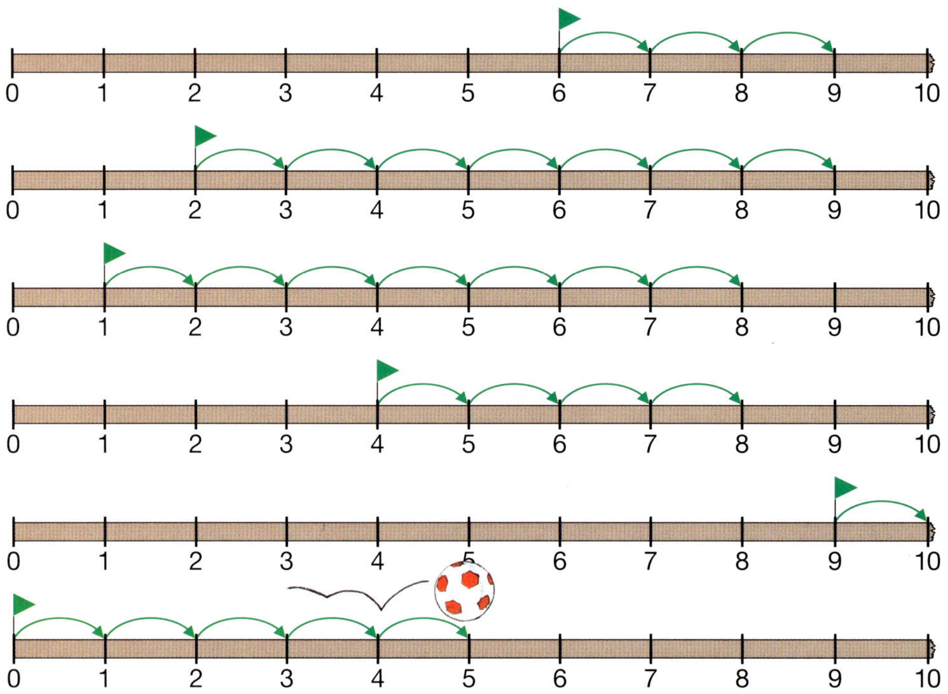

6 + 3 =

+ =

+ =

+ =

+ =

+ =

3.

3 + 2 =

7 + 3 =

1 + 6 =

3 + 5 =

4 + 2 =

0 + 8 =

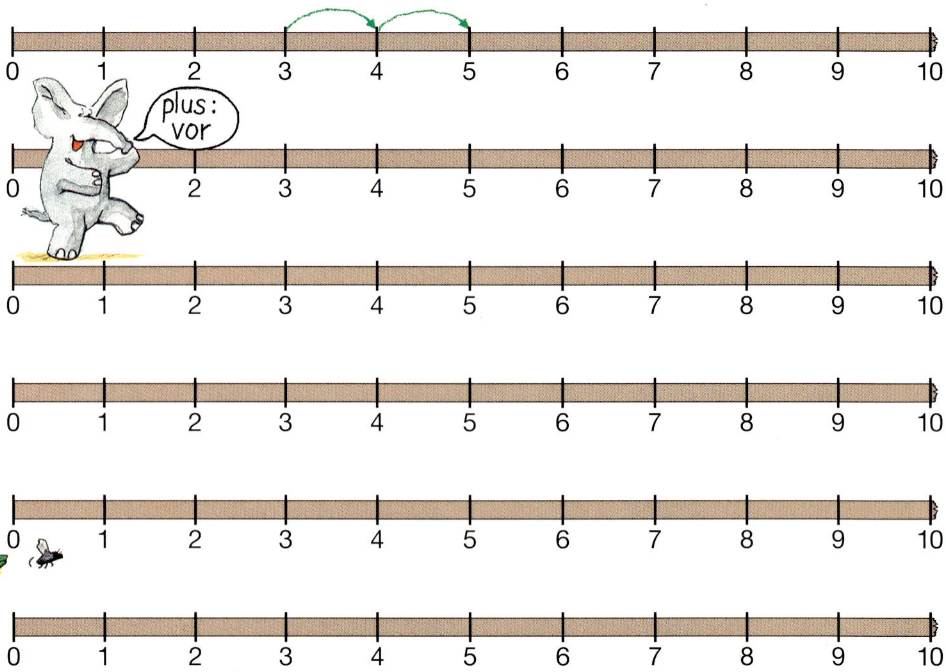

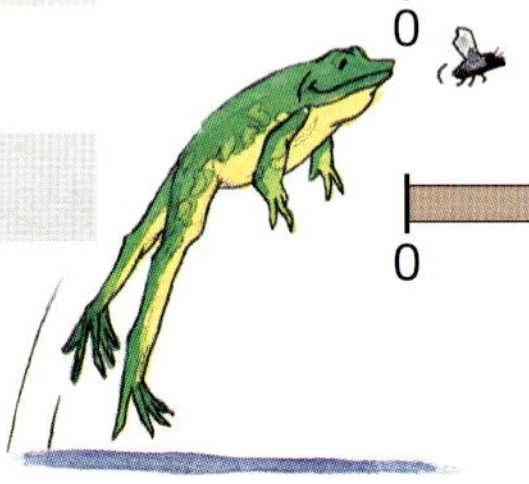

1.

2.

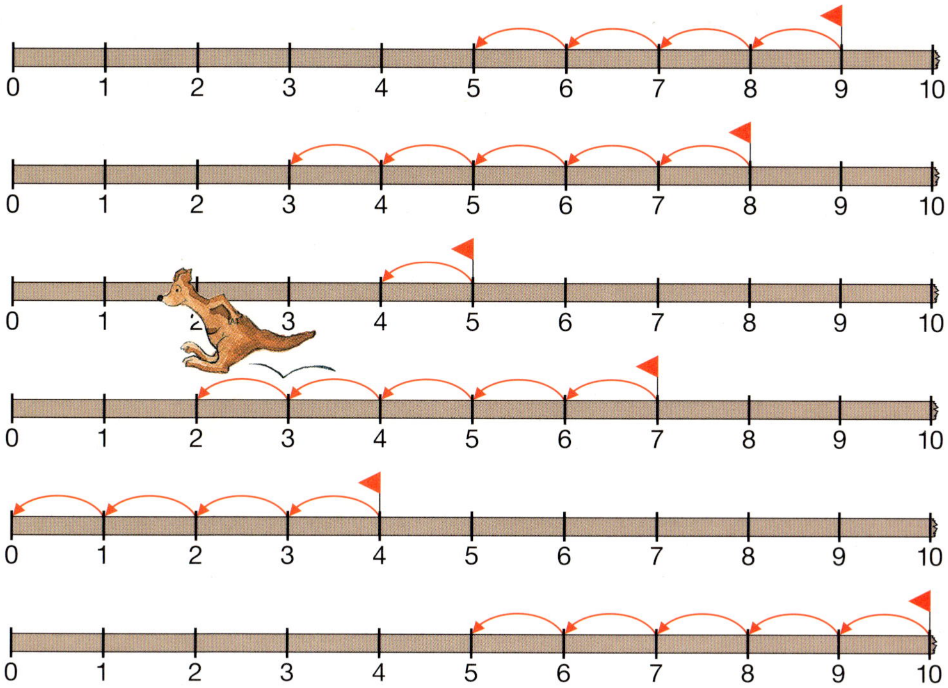

9 – 4 = ☐

☐ – ☐ = ☐

☐ – ☐ = ☐

☐ – ☐ = ☐

☐ – ☐ = ☐

☐ – ☐ = ☐

3.

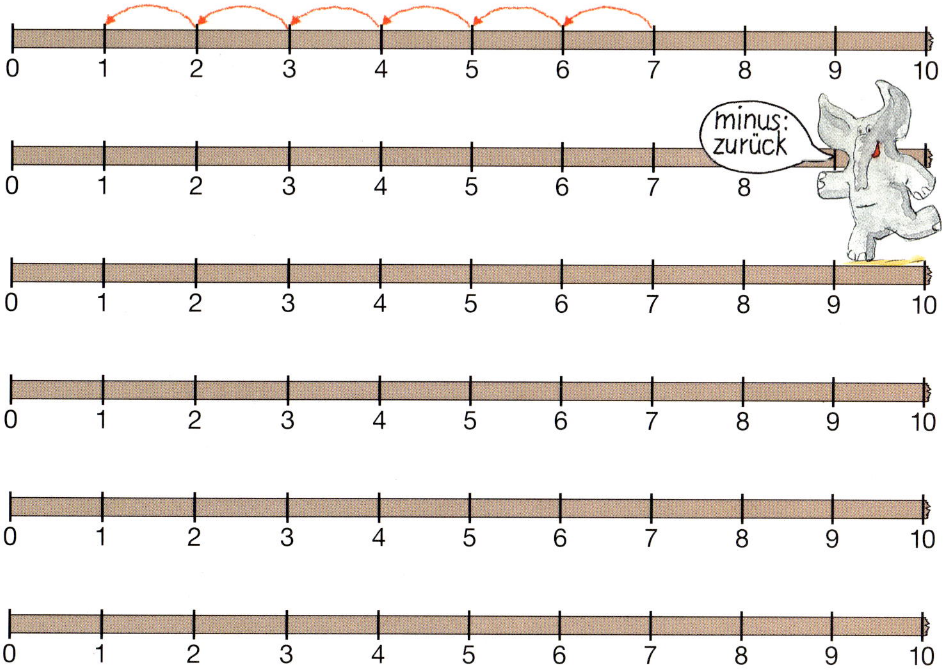

7 – 6 = ☐

6 – 3 = ☐

3 – 2 = ☐

4 – 1 = ☐

10 – 8 = ☐

9 – 9 = ☐

1.

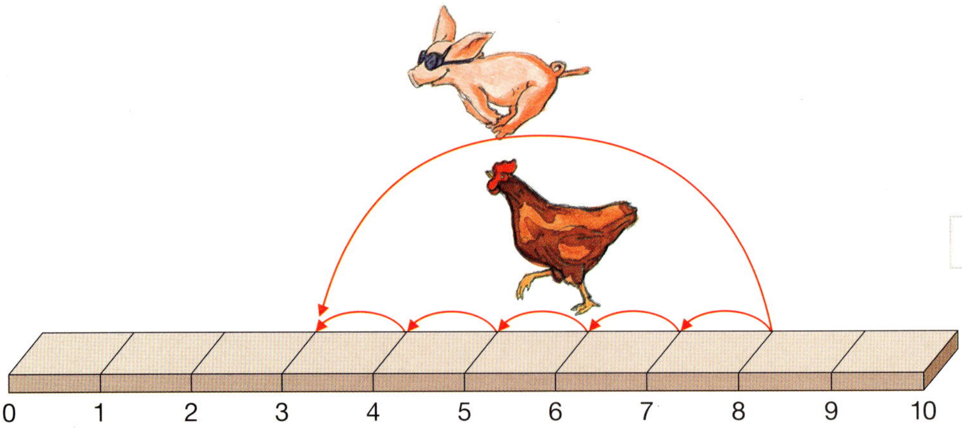

8	–		=	3

2.

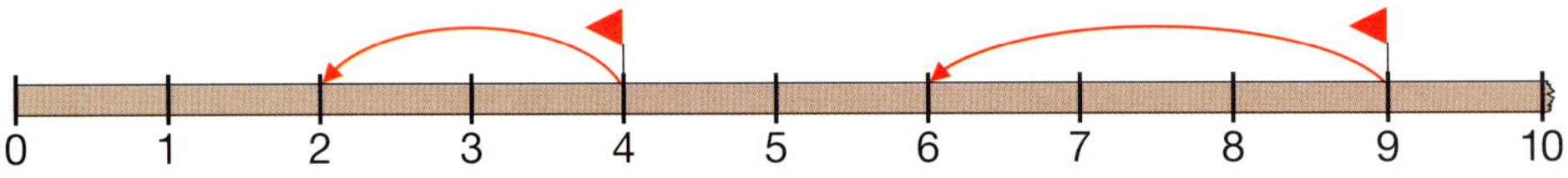

4	–	2	=		

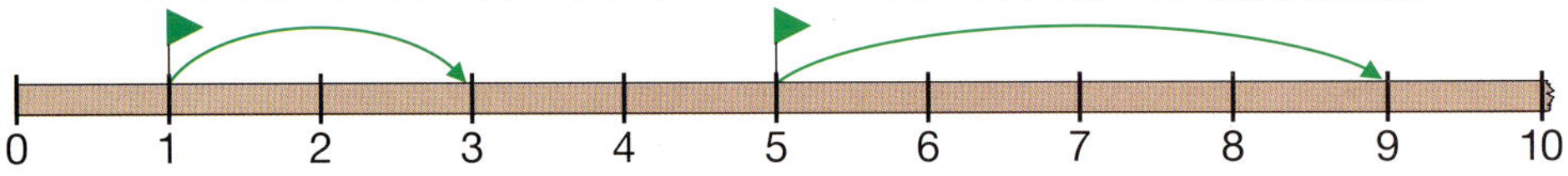

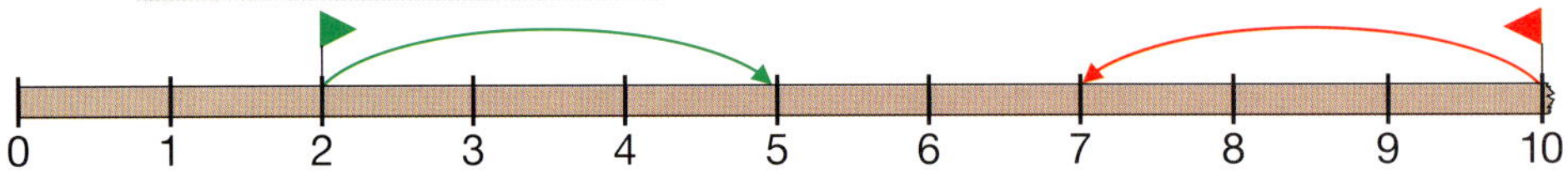

3.

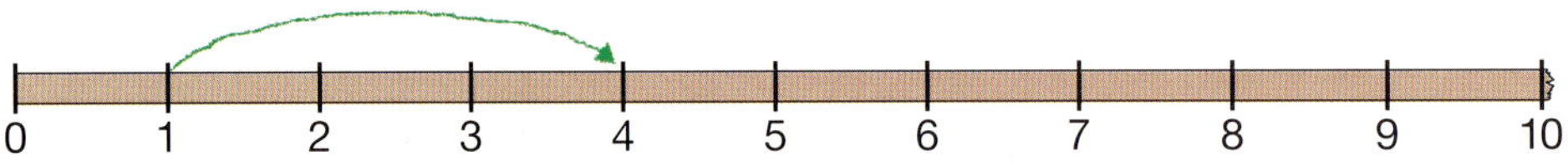

1 + 3 =

10 – 3 =

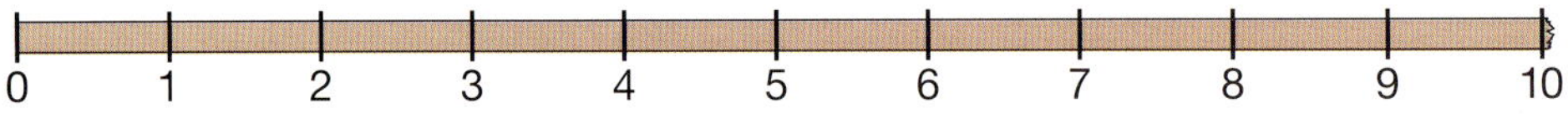

5 – 5 =

6 + 4 =

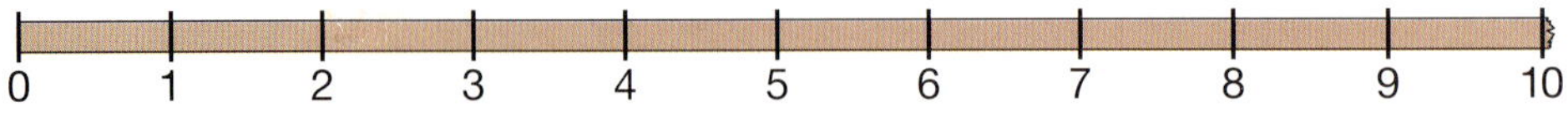

0 + 2 =

9 – 4 =

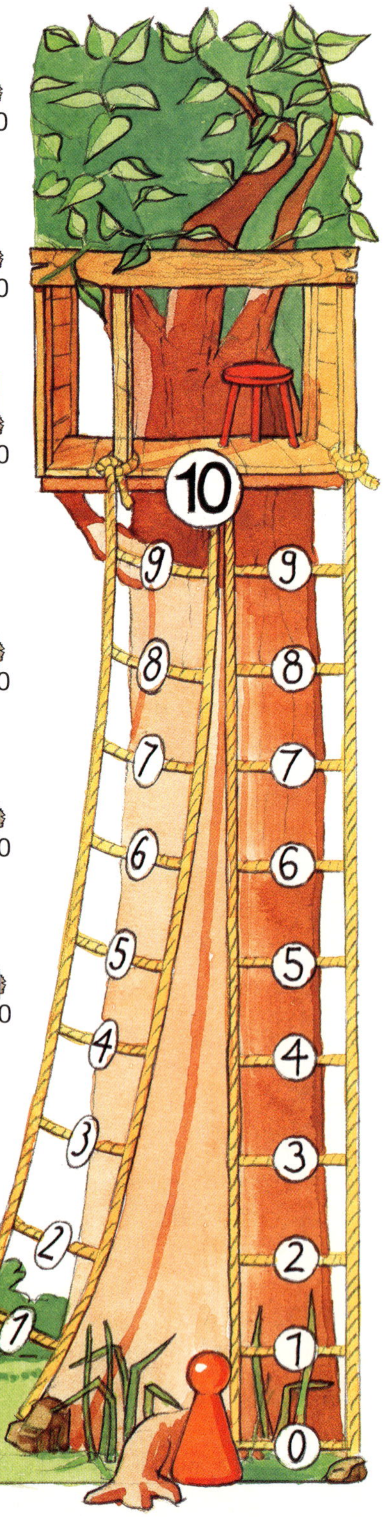

1.

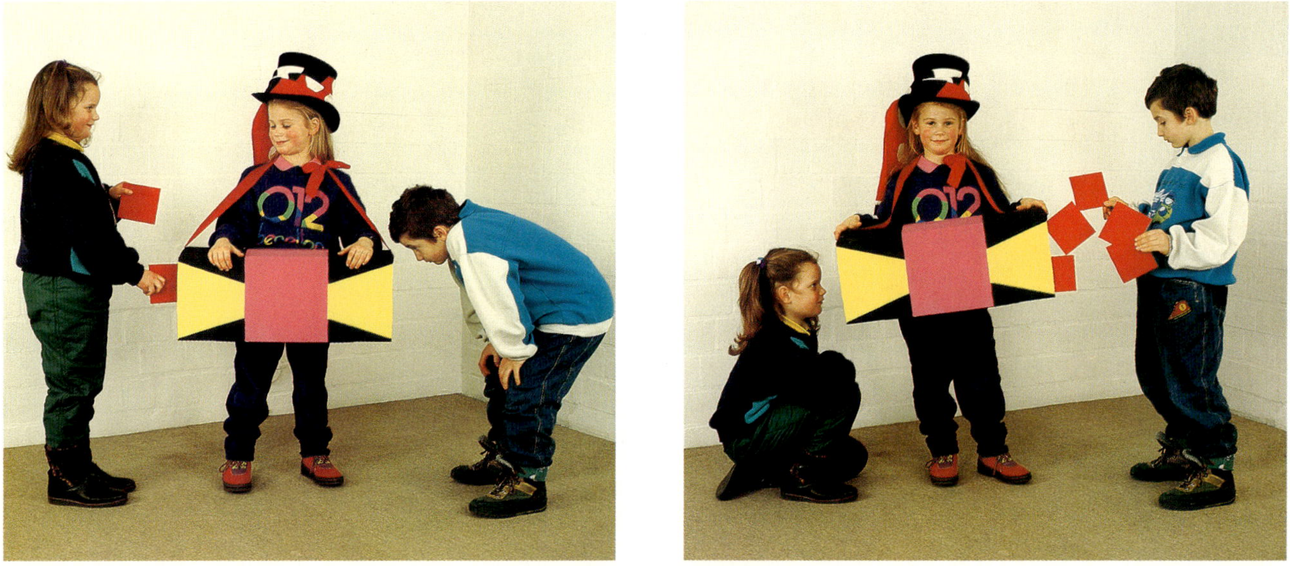

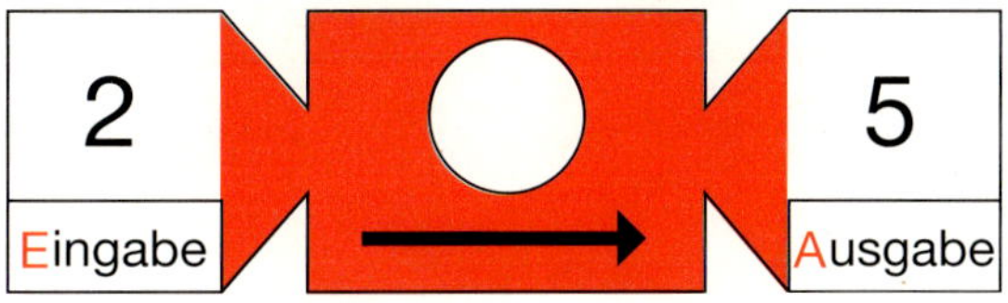

2.

3 —+2→ 5	8 ——→ 9	4 ——→ 6	0 ——→ 1
3 ——→ 7	9 ——→ 9	1 ——→ 5	5 ——→ 10
3 ——→ 10	5 ——→ 9	7 ——→ 10	3 ——→ 6
3 ——→ 3	7 ——→ 9	3 ——→ 8	1 ——→ 11

3.

E 4 → +5 → A 9	E 6 → +2 → A	E 7 → +1 → A
E 1 → +5 → A	E 6 → +3 → A	E 4 → +6 → A
E 3 → +5 → A	E 6 → +0 → A	E 5 → +4 → A

4.

5 —+4→ 9	4 —+4→	3 —+4→	0 —+9→
3 —+4→	4 —+3→	7 —+3→	5 —+1→
6 —+4→	4 —+2→	5 —+2→	7 —+2→
0 —+4→	4 —+1→	6 —+1→	3 —+7→

1.

Wie viele Kugeln hatte Stefan eingegeben? Wie viele Kugeln Julia?

2.

3 $\xrightarrow{+2}$ 5		$\xrightarrow{+5}$ 9		$\xrightarrow{-3}$ 3		$\xrightarrow{-4}$ 6	
$\xrightarrow{+2}$ 8		$\xrightarrow{+5}$ 5		$\xrightarrow{-3}$ 6		$\xrightarrow{-4}$ 0	
$\xrightarrow{+2}$ 4		$\xrightarrow{+5}$ 7		$\xrightarrow{-3}$ 5		$\xrightarrow{-4}$ 3	
$\xrightarrow{+2}$ 7		$\xrightarrow{+5}$ 10		$\xrightarrow{-3}$ 7		$\xrightarrow{-4}$ 1	

3.

9 $\xrightarrow{-2}$ 7	5 $\xrightarrow{-5}$	8 $\xrightarrow{-1}$	10 $\xrightarrow{-5}$
7 $\xrightarrow{-2}$	10 $\xrightarrow{-9}$	8 $\xrightarrow{-2}$	9 $\xrightarrow{-4}$
5 $\xrightarrow{-2}$	7 $\xrightarrow{-6}$	8 $\xrightarrow{-3}$	8 $\xrightarrow{-3}$
3 $\xrightarrow{-2}$	6 $\xrightarrow{-4}$	8 $\xrightarrow{-4}$	7 $\xrightarrow{-0}$

4.

7 $\xrightarrow{-1}$ 6	10 $\longrightarrow$ 3	8 $\longrightarrow$ 6	10 $\longrightarrow$ 9
7 $\longrightarrow$ 4	6 $\longrightarrow$ 3	6 $\longrightarrow$ 8	11 $\longrightarrow$ 9
7 $\longrightarrow$ 5	4 $\longrightarrow$ 3	4 $\longrightarrow$ 2	10 $\longrightarrow$ 8
7 $\longrightarrow$ 0	8 $\longrightarrow$ 3	2 $\longrightarrow$ 4	12 $\longrightarrow$ 8

5.

$\xrightarrow{+4}$

E	A
5	9
1	
4	
3	
6	

$\xrightarrow{-3}$

E	A
8	
4	
5	
3	
7	

6.

$\xrightarrow{+6}$

E	A
4	10
	8
	7
	9
	6

$\xrightarrow{-6}$

E	A
	1
	4
	2
	0
	3

3. Zusammenhänge entdecken.

1.

2.

8 +	7	5 −	3 =	2	9	8	2	6	7
1 =	4	7	1	9	2	7	10	8	2
9	5	3	3	6	11	2	7	3	4

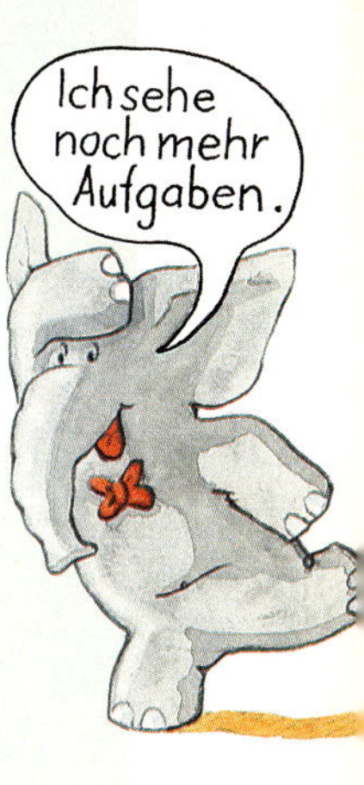

3.

3	4	9	8	1	5	2	8	10	7
9	3	1	3	5	8	5	1	2	9
2	7	0	4	2	2	7	6	6	12

1. Rechenvorschriften und Zahlen eintragen.

Wiederholung

1.

−4 → E	A
7	
9	
5	
8	
6	

+6 → E	A
2	
4	
0	
1	
3	

2.

−3 → E	A
	5
	1
	4
	0
	2

+2 → E	A
	8
	4
	10
	5
	3

3.

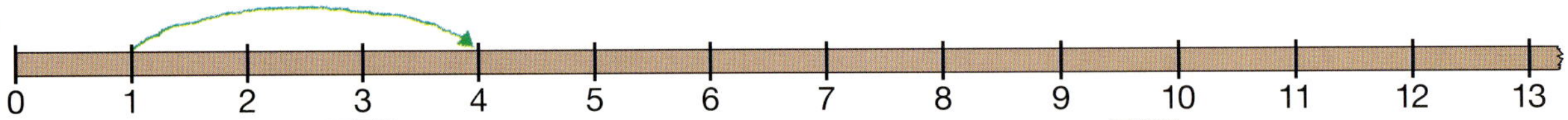

1 + 3 = ☐ 7 + 3 = ☐

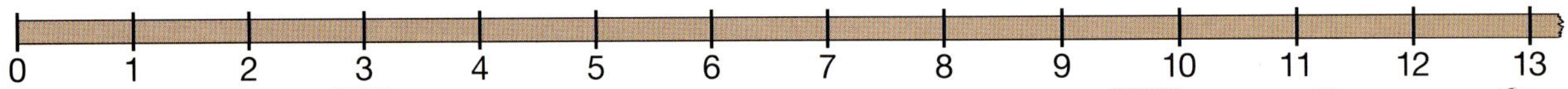

0 + 4 = ☐ 6 + 3 = ☐

4.

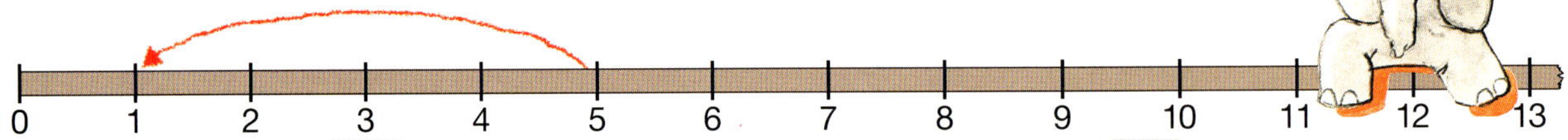

5 − 4 = ☐ 9 − 3 = ☐

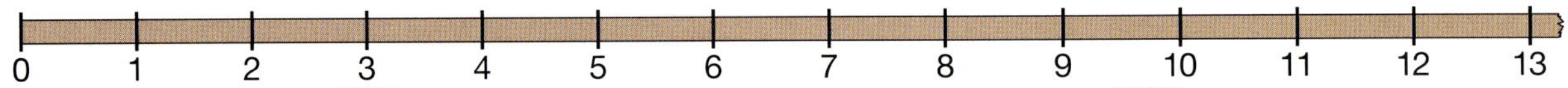

4 − 4 = ☐ 12 − 5 = ☐

5.

9	8 −	3 =	5	4	10	5	4	9	6	4
							+			
4	5	1	6	7	8	3	2	6	2	1
							=			
4	5	6	11	9	2	4	6	7	8	9

6.

2 + 6 = 8 ——— 8 − 6 =
8 + 1 = ———
4 + 5 = ———
3 + 4 = ———
2 + 3 = ———

4 + 6 = ———
4 + 4 = ———
4 + 2 = ———
5 + 3 = ———
5 + 4 = ———

 6. Umkehraufgaben.

16
Wanderwege
19
13
18
Abfall
11
17
12
14
20
15

1.

Zehner	Einer	Zahl
1	4	14

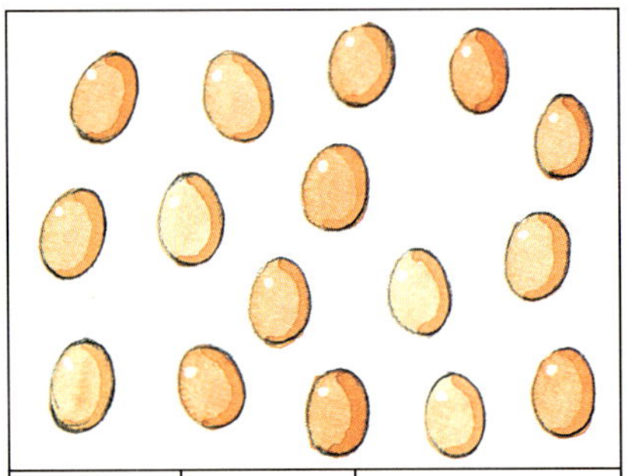

Zehner	Einer	Zahl

Zehner	Einer	Zahl

2.

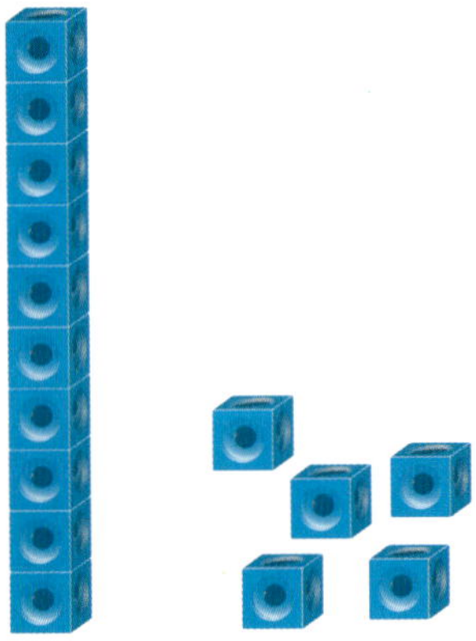

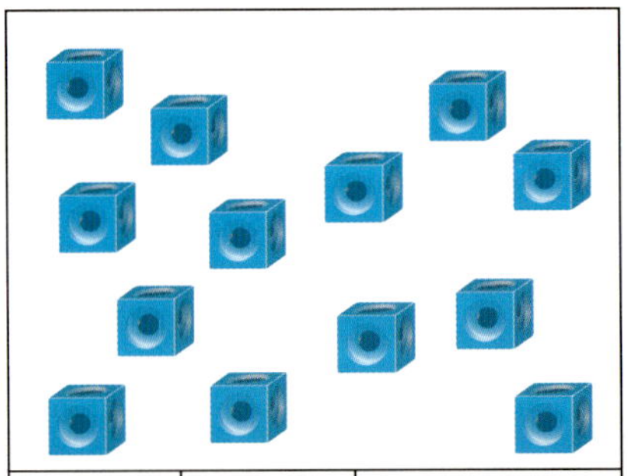

Zehner	Einer	Zahl

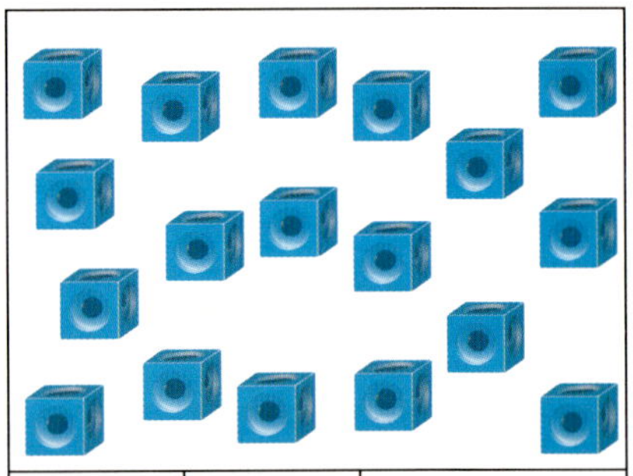

Zehner	Einer	Zahl

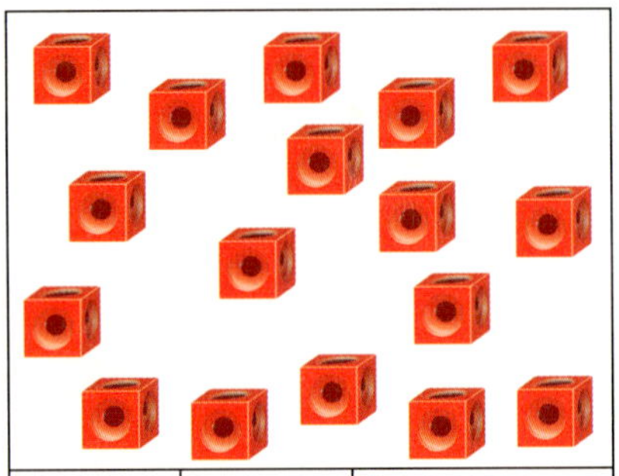

Zehner	Einer	Zahl

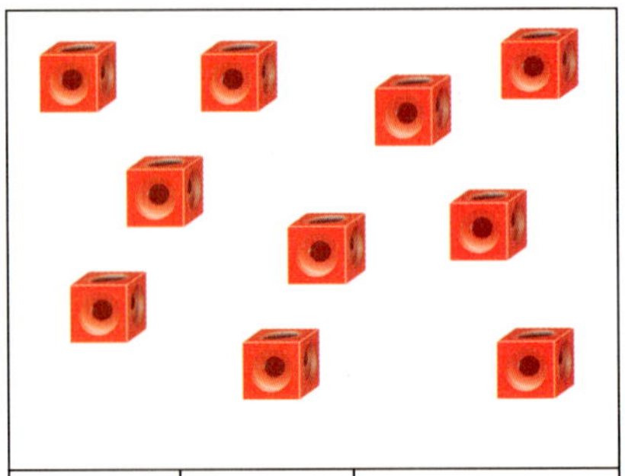

Zehner	Einer	Zahl

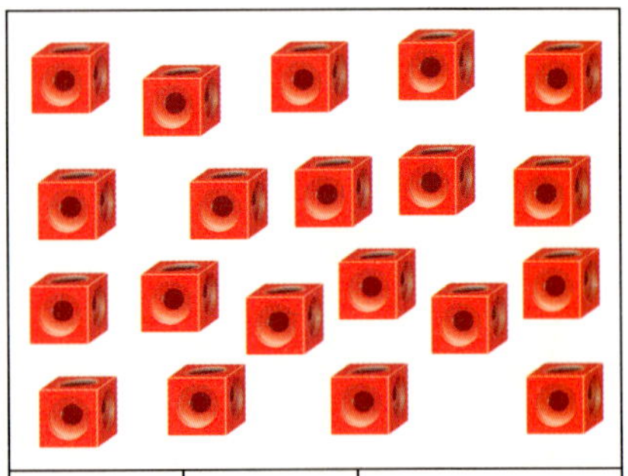

Zehner	Einer	Zahl

Die Zahlen bis 20

1.

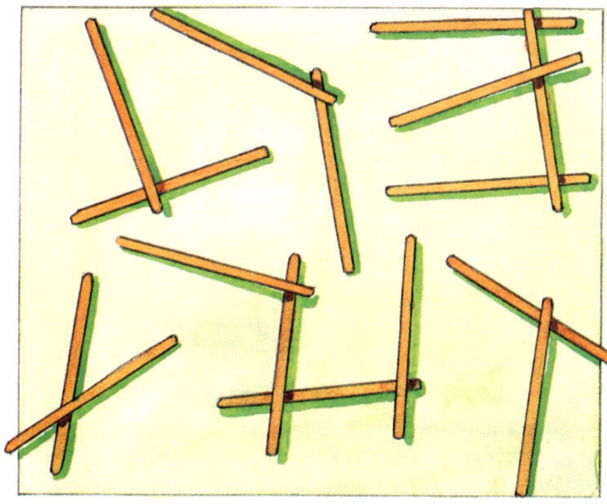

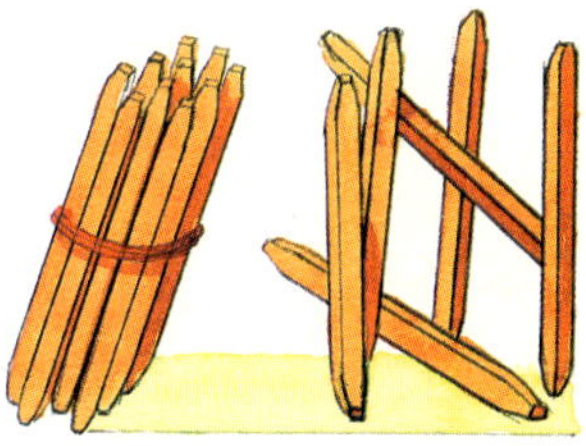

Z	E

2.

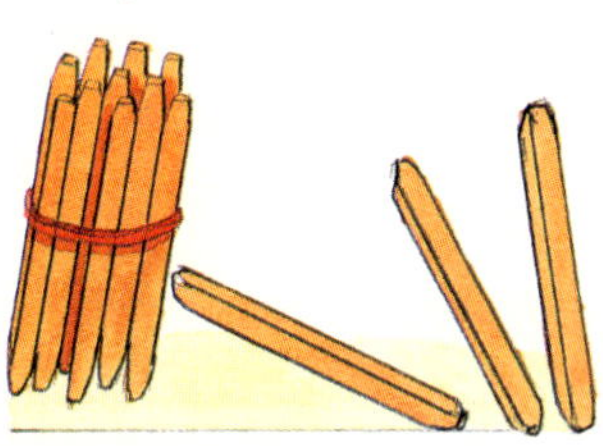

Z	E

Z	E

Z	E

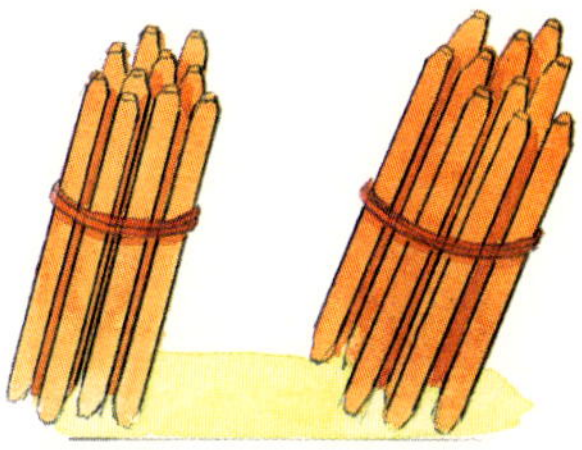

Z	E

3.

acht	8
neun	9
zehn	10
elf	11
zwölf	
dreizehn	
vierzehn	
fünfzehn	
sechzehn	
siebzehn	
achtzehn	
neunzehn	
zwanzig	

achtzehn	18
drei	
elf	
zwanzig	
vierzehn	

siebzehn
zwölf
neunzehn
zehn
sechzehn

Schreibe erst die Zehner, dann die Einer.

fünfzehn	
	13
	8
	18
neun	

1.

2.

3.

1	2	3		12			6			16	
	8			9			15			13	
	5			14			19			18	

4. Welche Zahl liegt dazwischen?

10	11	12	18		20	15		17	14		16
16		18	2		4	8		10	12		14
3		5	12		14	9		11	13		15

5.

4 >	10 >	6 <	1 <
4 >	10 >	6 <	1 <
4 >	10 >	6 <	1 <
4 >	10 >	6 <	1 <

6.

< 5	< 10	> 3	> 6
< 5	< 10	> 3	> 6
< 5	< 10	> 3	> 6
< 5	< 10	> 3	> 6

1.

13 ◯ 15

2.

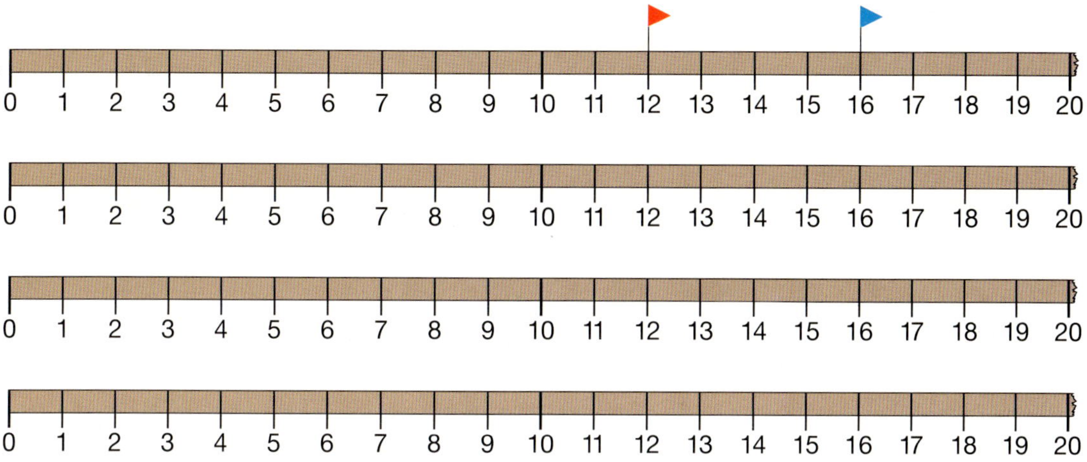

12 < 16

18 ◯ 12

13 ◯ 17

16 ◯ 15

3.

9 ◯ 10	13 ◯ 13	19 ◯ 20	17 ◯ 17	18 ◯ 16
11 ◯ 10	8 ◯ 18	20 ◯ 19	7 ◯ 11	12 ◯ 14
10 ◯ 10	12 ◯ 12	14 ◯ 16	15 ◯ 13	20 ◯ 20
20 ◯ 10	17 ◯ 15	16 ◯ 14	19 ◯ 9	11 ◯ 15

4.

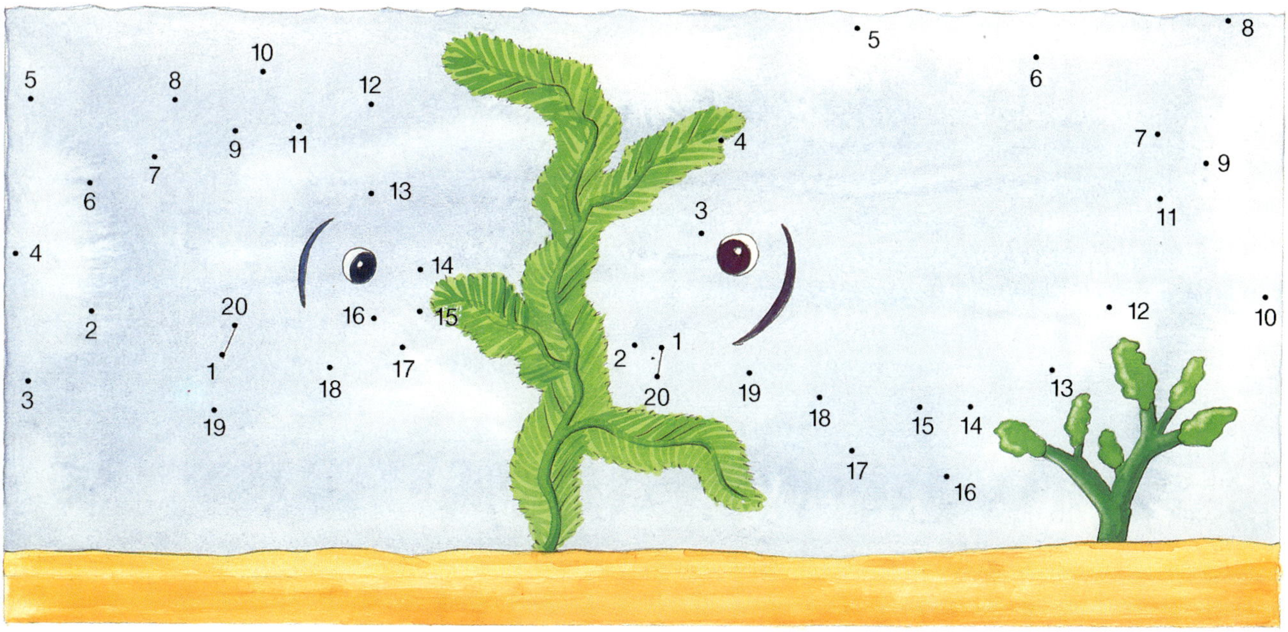

Parkhaus Markt
besetzt
DROGERIE – FOTOSHOP
Ali Baba
Türkische Spezialitäten
OPTIK
Eiscafé
1.
2.
3., 7.,
GRILL
16
17
Senf
Luftballo
WERFEN
Marktfest
16. April
Bonkasse
4 16 8 12 20
14 18 6 2 10
1 9 13 17 5
3 11 7 15 19

1.

Erzähle und rechne.

2.

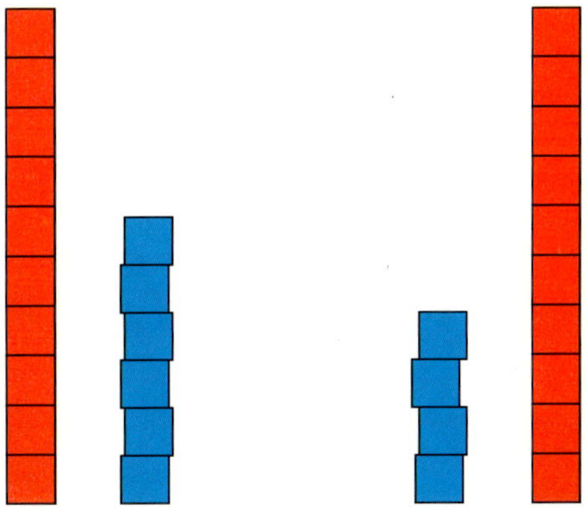

10 + 6 = ___ 4 + ___ = ___

3.

10 + 2 = ___	3 + 10 = ___
10 + 8 = ___	9 + 10 = ___
10 + 5 = ___	2 + 10 = ___
10 + 7 = ___	1 + 10 = ___

4.

10 + ___ = 15	3 + ___ = 13
10 + ___ = 17	10 + ___ = 20
10 + ___ = 14	8 + ___ = 18
10 + ___ = 10	6 + ___ = 16

5.

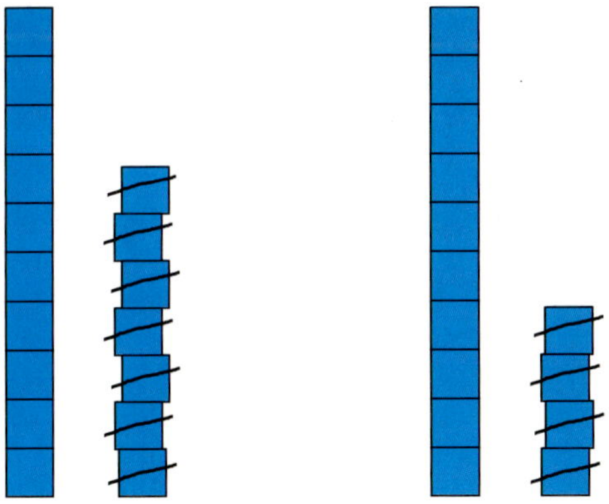

17 – ___ = ___ 14 – ___ = ___

6.

11 – 1 = ___	14 – 4 = ___
17 – 7 = ___	19 – 9 = ___
13 – 3 = ___	15 – 5 = ___
18 – 8 = ___	12 – 2 = ___

7.

15 – ___ = 10	18 – ___ = 10
17 – ___ = 10	11 – ___ = 10
20 – ___ = 10	16 – ___ = 10
19 – ___ = 10	14 – ___ = 10

8.

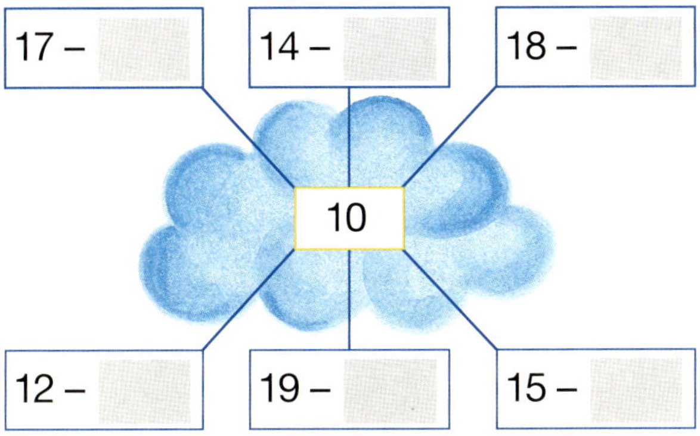

9.

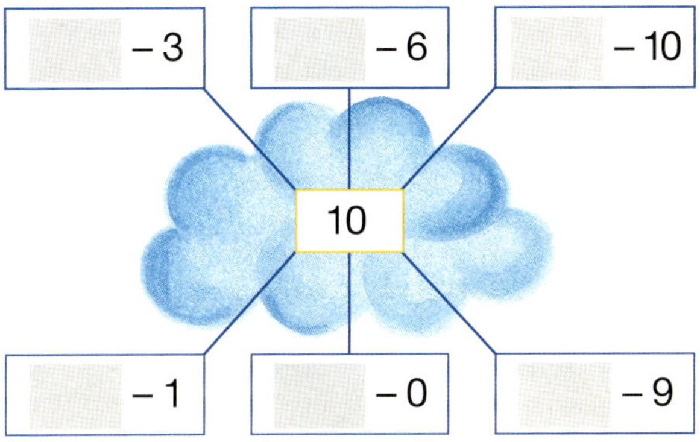

1.

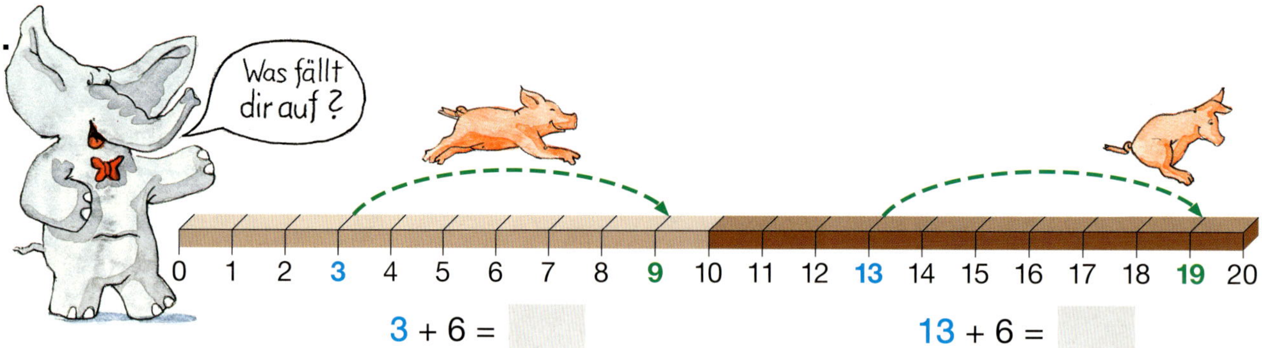

3 + 6 = ☐   13 + 6 = ☐

2.

4 + 1 = ☐	5 + 3 = ☐	4 + 5 = ☐	5 + 2 = ☐
14 + 1 = ☐	15 + 3 = ☐	14 + 5 = ☐	15 + 2 = ☐
7 + 2 = ☐	8 + 0 = ☐	6 + 4 = ☐	5 + 5 = ☐
17 + 2 = ☐	18 + 0 = ☐	16 + 4 = ☐	15 + 5 = ☐

3.

14 $\xrightarrow{+4}$ ☐	18 $\xrightarrow{+2}$ ☐	19 $\xrightarrow{+0}$ ☐	16 $\xrightarrow{+2}$ ☐
14 $\xrightarrow{+2}$ ☐	13 $\xrightarrow{+6}$ ☐	17 $\xrightarrow{+2}$ ☐	11 $\xrightarrow{+5}$ ☐
14 $\xrightarrow{+6}$ ☐	16 $\xrightarrow{+3}$ ☐	14 $\xrightarrow{+1}$ ☐	12 $\xrightarrow{+7}$ ☐

4.

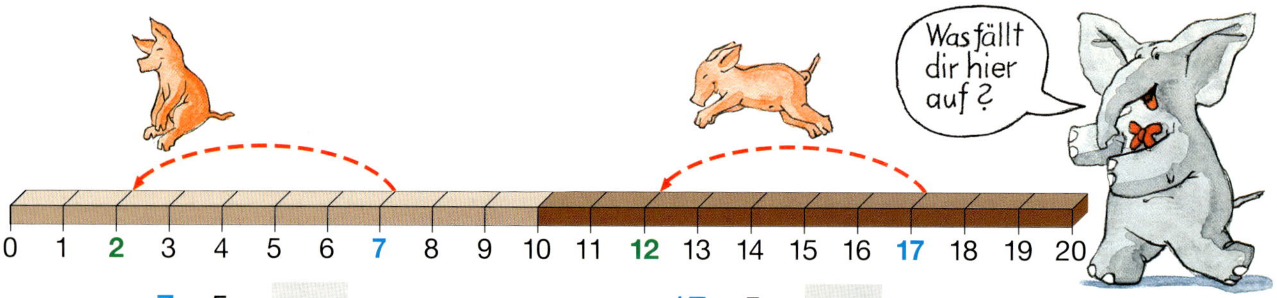

7 – 5 = ☐   17 – 5 = ☐

5.

3 – 1 = ☐	5 – 2 = ☐	4 – 0 = ☐	4 – 2 = ☐
13 – 1 = ☐	15 – 2 = ☐	14 – 0 = ☐	14 – 2 = ☐
7 – 3 = ☐	9 – 4 = ☐	6 – 5 = ☐	8 – 3 = ☐
17 – 3 = ☐	19 – 4 = ☐	16 – 5 = ☐	18 – 3 = ☐

6.

17 $\xrightarrow{-2}$ ☐	19 $\xrightarrow{-6}$ ☐	16 $\xrightarrow{-5}$ ☐	16 $\xrightarrow{-4}$ ☐
17 $\xrightarrow{-4}$ ☐	19 $\xrightarrow{-3}$ ☐	15 $\xrightarrow{-5}$ ☐	14 $\xrightarrow{-4}$ ☐
17 $\xrightarrow{-6}$ ☐	19 $\xrightarrow{-0}$ ☐	14 $\xrightarrow{-5}$ ☐	12 $\xrightarrow{-4}$ ☐

1.

Erzähle und rechne.

2.

___ + ___ = ___

___ + ___ = ___

___ + ___ = ___

___ + ___ = ___

3.

4 + 15 =

15 + 4 =

6 + 13 =

2 + 15 =

4.

2 + 15 =	1 + 11 =	2 + 16 =	5 + 12 =
15 + 2 =	11 + 1 =		
4 + 11 =	1 + 14 =	4 + 13 =	0 + 16 =
3 + 14 =	1 + 19 =	8 + 11 =	3 + 16 =

5.

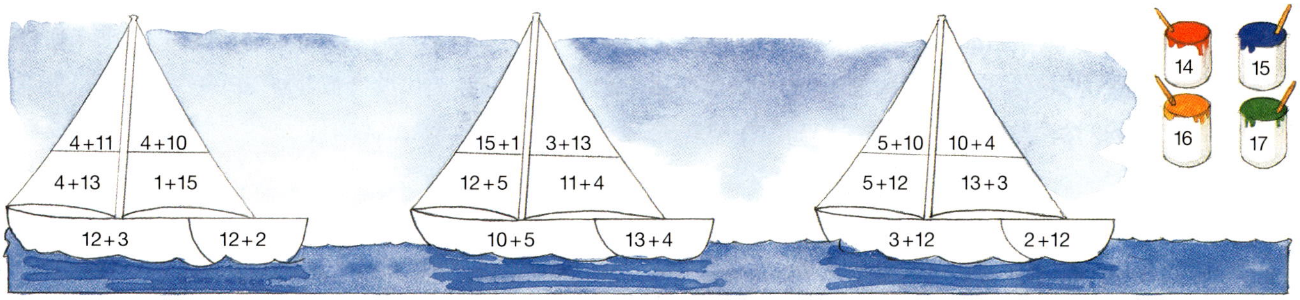

5. Zwei Schiffe sind gleich gefärbt.

1.

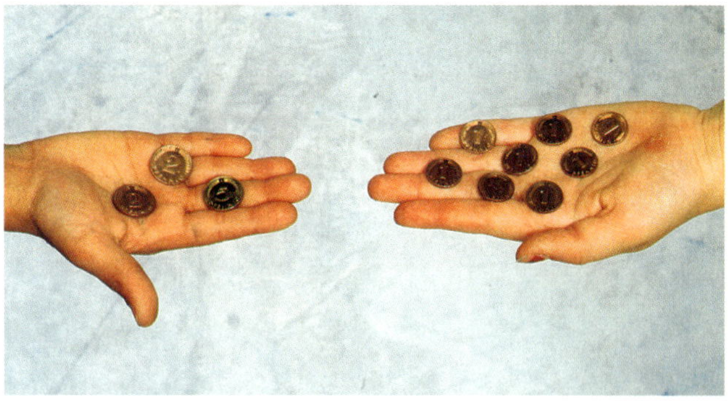

Wer hat mehr Geld?

2. Wer hat am meisten?

6 Pf

Pf

Pf

Pf

Pf

Pf

Pf

Pf

Pf

Pf

3.

5 Pf

7 Pf

8 Pf

4.

12 Pf

15 Pf

18 Pf

3. und 4. Münzen legen und zeichnen.

1.

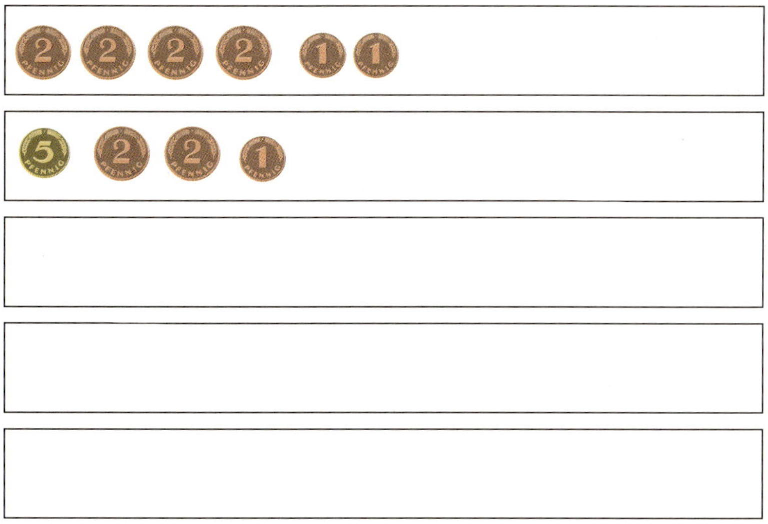

10 Pf

10 Pf

10 Pf

10 Pf

10 Pf

2.

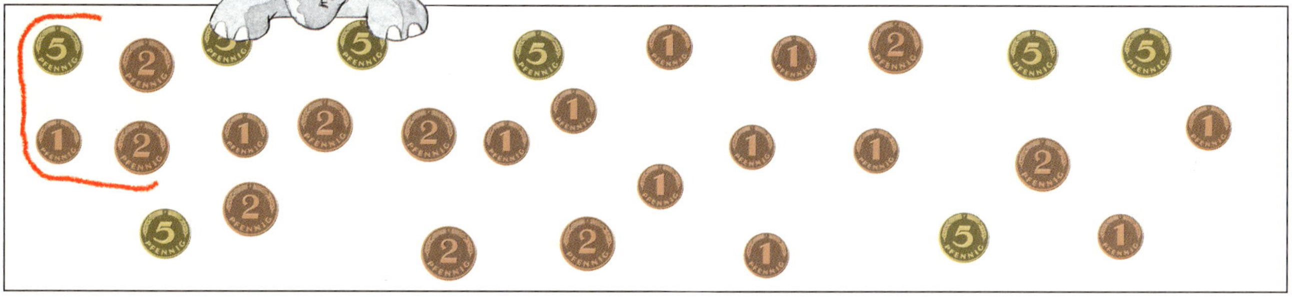

3. Immer 20 Pf!

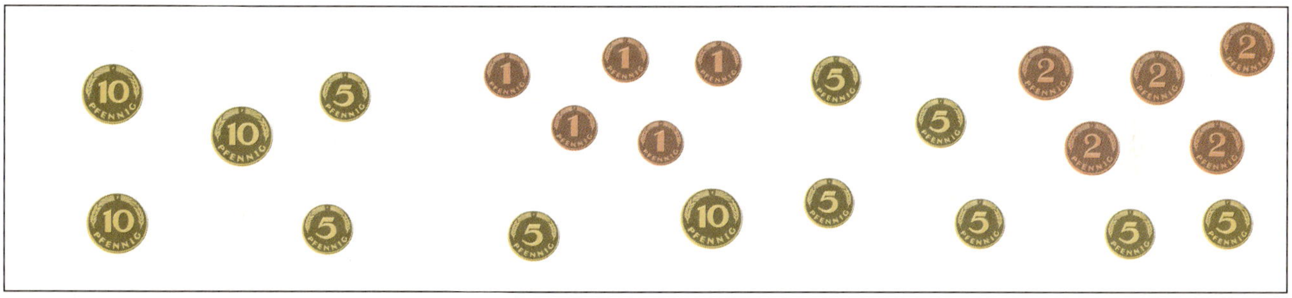

4.

Pf

Pf

Pf

Pf

Pf

Pf

Pf

Pf

5. Welche Münzen können in den Schachteln sein?

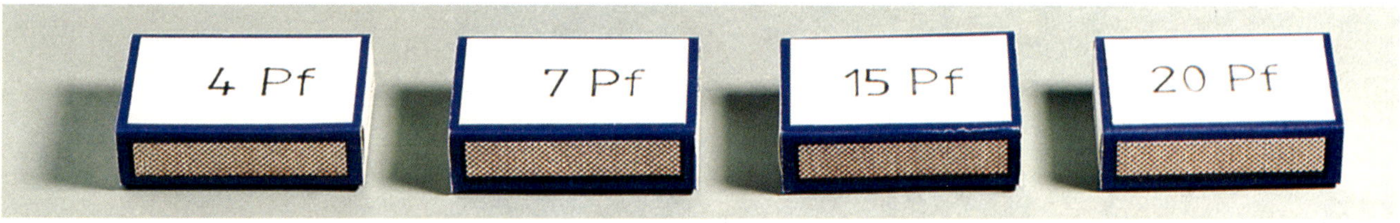

Einen Geldbetrag verschieden darstellen.

Geldbeträge bis 20 DM

1.

Montag, den	Fächer
12 DM für Ausflug	
mitbringen	

Kannst du auch anders bezahlen?

2. Immer 12 DM!

3. Nina Beni Lisa Lili Uli Kim

DM DM DM DM DM DM

4.

6 DM 8 DM 10 DM 9 DM 12 DM 17 DM

5.

10 DM + 2 DM = DM 4 DM + DM = DM 7 DM + DM = DM

1. Was kannst du für 10 DM kaufen?
   Was kannst du für 20 DM kaufen?

2. Lege Spielgeld und rechne.

___ DM + ___ DM = ___ DM   ___ DM + ___ DM = ___ DM   ___ DM + ___ DM = ___ DM

3.

10 DM – 7 DM = DM

4.

4. Überprüfen, ob das Geld reicht.

Es ist   Uhr.

1. Trage ein, was fehlt.

MAI						
12		14		16		
	Dienstag	Mittwoch	Donnerstag		Samstag	

2.

3. 12 + 4 =	14 + 2 =	**4.** 15 − 2 =	13 − 2 =
12 + 5 =	13 + 2 =	15 − 3 =	13 − 3 =
12 + 6 =	12 + 2 =	15 − 4 =	13 − 4 =
12 + 7 =	11 + 3 =	15 − 5 =	13 − 5 =

2. Wochentag und Datum angeben.

1. Wie oft haben die Kinder die 6 gewürfelt?

Bastian	___ mal	Karl	___ mal
Ute	___ mal	Nico	___ mal
Sandra	___ mal	Esma	___ mal

Gewonnen hat ____________________

2. Die Mädchen haben gewürfelt.

3. Würfle 40mal und trage Striche ein.

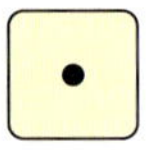					
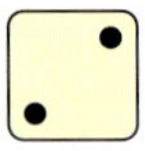					
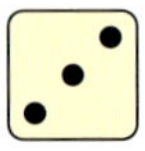					

Am häufigsten habe ich die Zahl ___ gewürfelt.

1.

+	2	4
3	3 + 2 = 5	
5		
15		

~~3 + 2 =~~ 5

15 + 2 =

5 + 2 =

3 + 4 =

5 + 4 =

15 + 4 =

2.

−	2	3
7	7 − 2 = 5	
4		
14		

~~7 − 2 =~~ 5

14 − 2 =

4 − 3 =

14 − 3 =

7 − 3 =

4 − 2 =

3.

+	1	3	0	7
2	3			
3				
4				

4.

+	2	3	5	4
15				
14				
13				

5.

+	1		3	
7		9		7
16		18		16
10				

6.

−	1	2	3	4
7	6			
19				
14				

7.

−	8	7	6	5
10				
20				
18				

8.

−		4	5	
	13	12		10
18	15			
			15	

1.

Wie viele Personen können noch mitfahren?

6 + ☐ = 10

☐ Personen können noch mitfahren.

2.

8 —+ 2→ 10	3 ——→ 10	0 ——→ 10	2 ——→ 10
6 ——→ 10	7 ——→ 10	3 ——→ 10	10 ——→ 10
9 ——→ 10	5 ——→ 10	1 ——→ 10	4 ——→ 10

3.

17 —− 7→ 10	13 ——→ 10	18 ——→ 10	10 ——→ 10
12 ——→ 10	16 ——→ 10	11 ——→ 10	20 ——→ 10
18 ——→ 10	14 ——→ 10	15 ——→ 10	19 ——→ 10

4.

7 = 5 +	9 = 8 +	8 = 4 +	6 = 2 +	5 =
7 = 6 +	9 = 7 +	8 = 2 +	6 =	
7 = 2 +	9 = 2 +	8 =		
7 = 4 +	9 =			

Findest du noch mehr Aufgaben?

5.

8 + ☐ = 10	1 + ☐ = 10	6 + ☐ = 10	0 + ☐ = 10
7 + ☐ = 10	3 + ☐ = 10	7 + ☐ = 9	4 + ☐ = 10
5 + ☐ = 10	2 + ☐ = 10	9 + ☐ = 10	8 + ☐ = 11

6.

10

6	+	
3	+	
	+	2
	+	5

11

4	+	6	+	
8	+	2	+	
6	+		+	1
7	+		+	1

12

9	+	1	+	
5	+	5	+	
8	+		+	2
6	+		+	2

1.

7 + 1 =	4 + 5 =	5 + 3 =	8 + 1 =
7 + 2 =	4 + 6 =	5 + 4 =	8 + 2 =
7 + 3 =	4 + 7 =	5 + 5 =	8
7 + 4 =	4 + 8 =	5	

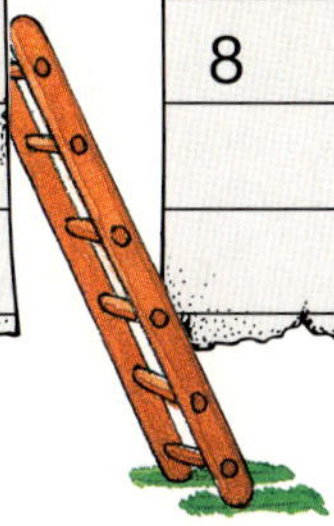

2.

12 – 1 =	13 – 1 =	16 – 4 =	14 – 3 =
12 – 2 =	13 – 2 =	16 – 5 =	14 – 4 =
12 – 3 =	13 – 3 =	16 – 6 =	14
12 – 4 =	13 – 4 =	16	

3.

+ 2 →	
7	9
8	
9	
10	

+ 4 →	
5	
6	
7	
8	

+ 3 →	
7	
8	
9	
10	

– 2 →	
13	
12	
11	
10	

– 4 →	
10	
11	
12	
13	

4. Nachbaraufgaben können helfen.

12 + 3 =	10 + 5 =	11 + 6 =	10 + 4 =	11 + 7 =
11 + 3 =	9 + 5 =	10 + 6 =	9 + 4 =	10 + 7 =
10 + 3 =	8 + 5 =	9 + 6 =	8 + 4 =	9 + 7 =
9 + 3 =	7 + 5 =	8 + 6 =	7 + 4 =	8 + 7 =

5.

15 – 4 =	15 – 3 =	19 – 8 =	16 – 6 =	16 – 5 =
14 – 4 =	14 – 3 =	18 – 8 =	15 – 6 =	15 – 5 =
13 – 4 =	13 – 3 =	17 – 8 =	14 – 6 =	14 – 5 =

Am Zahlenstrahl über den Zehner

1.

Erzähle und rechne.

2. Vorwärts am Zahlenstrahl.

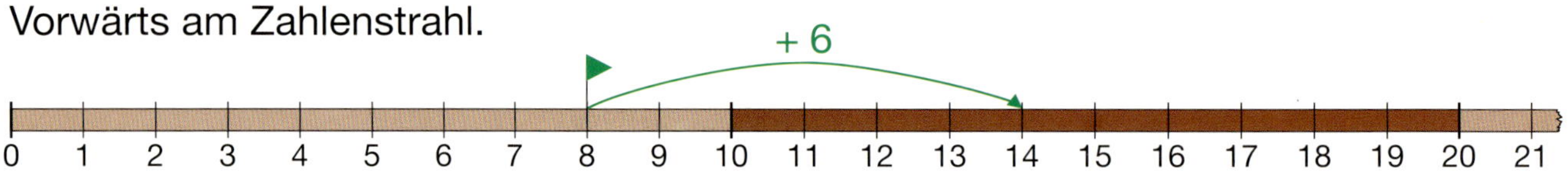

8 + 6 =	9 + 4 =	9 + 6 =	8 + 5 =
7 + 4 =	8 + 3 =	6 + 3 =	6 + 7 =
9 + 3 =	7 + 6 =	8 + 4 =	5 + 3 =
6 + 5 =	9 + 2 =	7 + 5 =	9 + 5 =

3. Zurück am Zahlenstrahl.

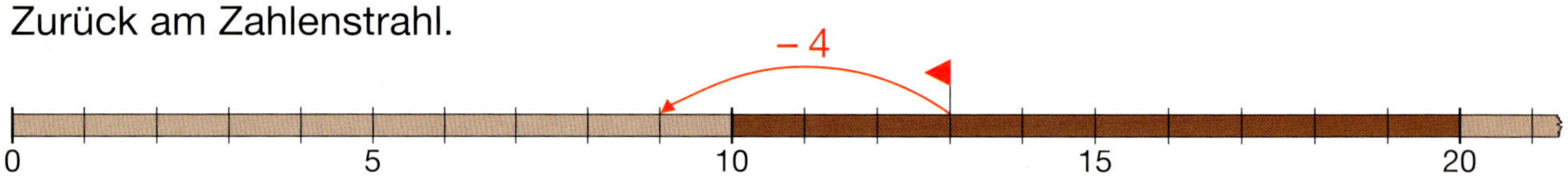

13 – 4 =	10 – 3 =	12 – 6 =	14 – 9 =
11 – 2 =	11 – 5 =	13 – 3 =	16 – 8 =
12 – 2 =	12 – 4 =	13 – 7 =	15 – 5 =
11 – 3 =	11 – 4 =	12 – 5 =	15 – 6 =

4.

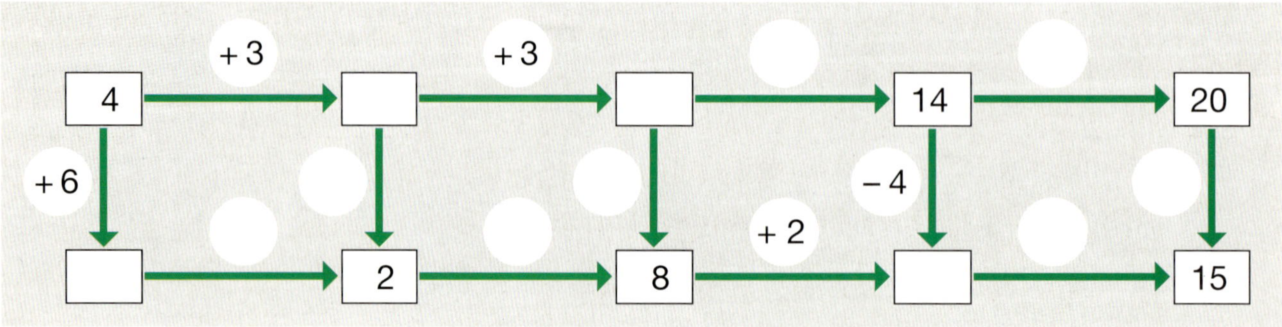

5.

6 + 4 + 3 =	7 + 3 + 1 =
3 + 7 + 4 =	9 + 1 + 5 =
8 + 2 + 2 =	6 + 4 + 7 =
5 + 5 + 7 =	4 + 6 + 2 =

6.

6 + ___ + ___ = 15	9 + ___ + ___ = 11
8 + ___ + ___ = 17	7 + ___ + ___ = 13
5 + ___ + ___ = 16	8 + ___ + ___ = 12
7 + ___ + ___ = 11	6 + ___ + ___ = 14

4. Kontrolle durch die verschiedenen Wege.

Formen in der Umwelt

1.

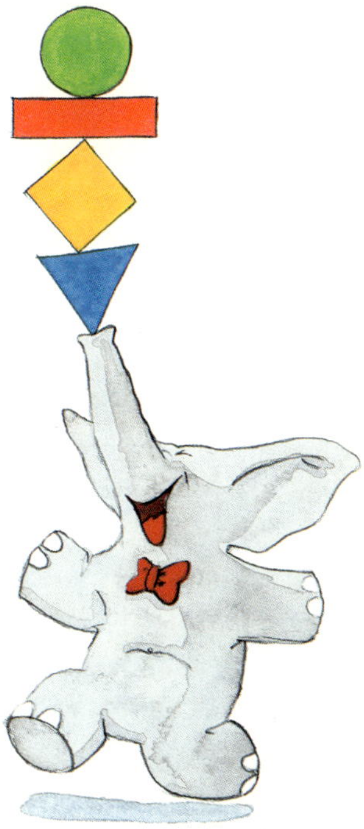

2.

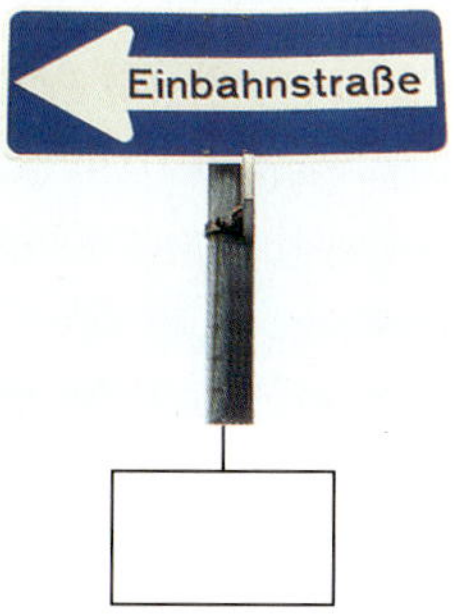

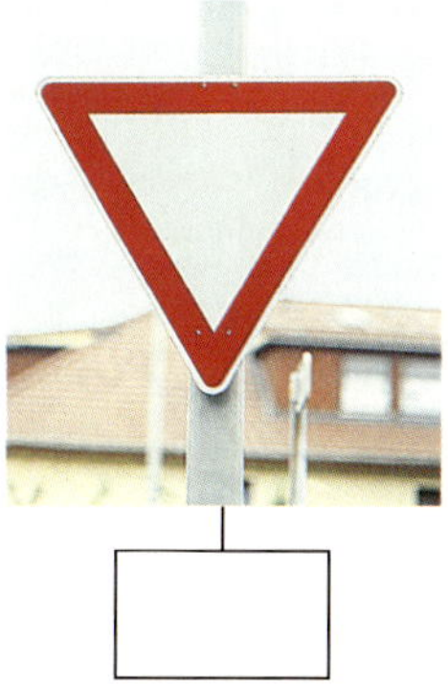

3. Welche Verkehrszeichen können es sein? Male sie.

1. und 2. Runde, dreieckige und viereckige Schilder unterscheiden.

1.

2.

3.

3. Die Figuren unterschiedlich auslegen.

1.

2.

3.

4.

1. bis 4. Die Figuren mit Formenplättchen auslegen. Anmalen.

Muster

1.

2.

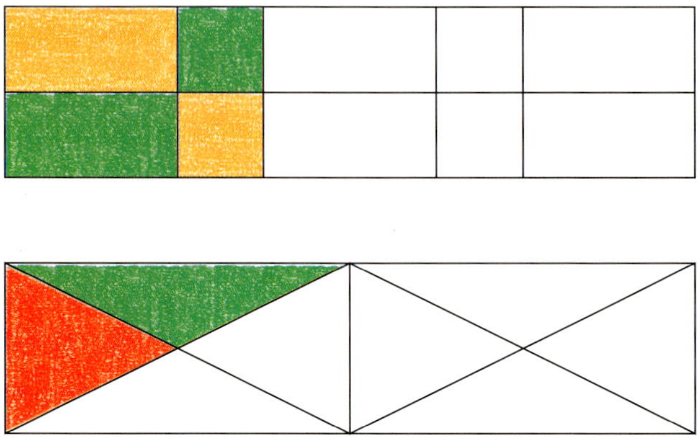

3.

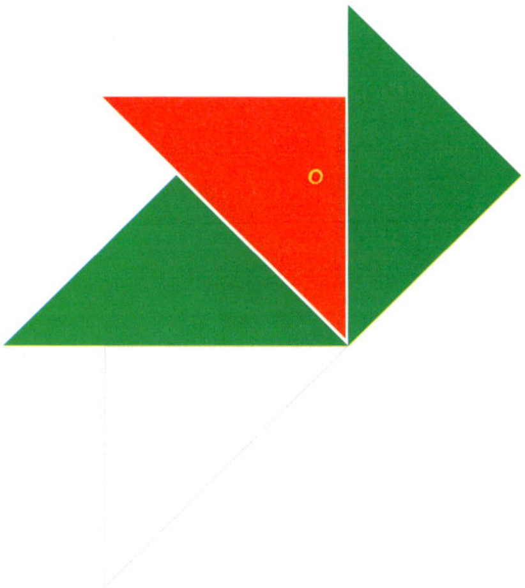

4.

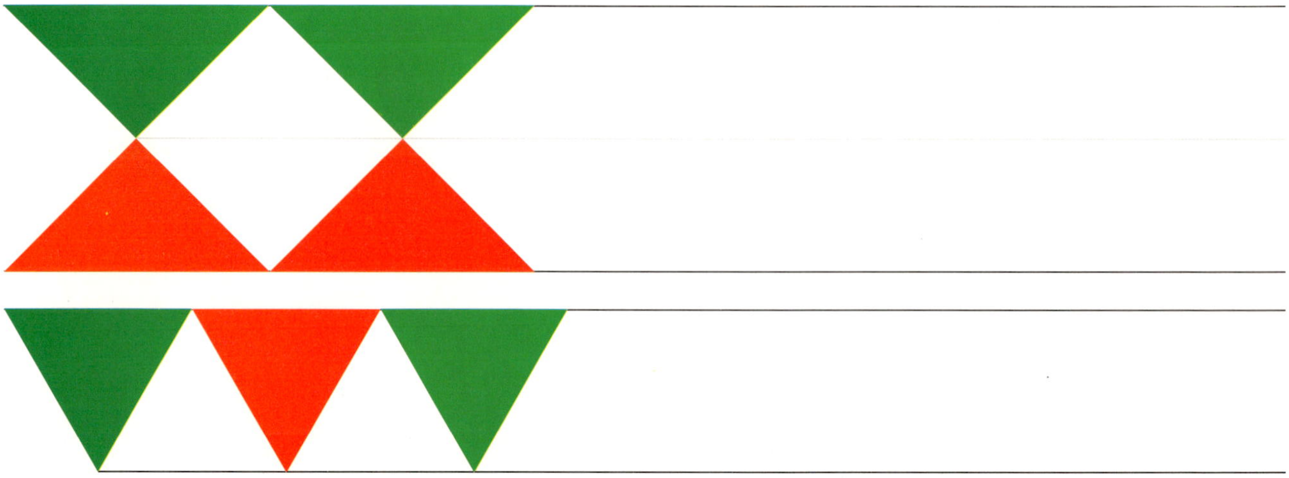

1. und 2. Anmalen. 3. und 4. Muster nachlegen, fortsetzen und anmalen.

1. 8 + 5 = ☐

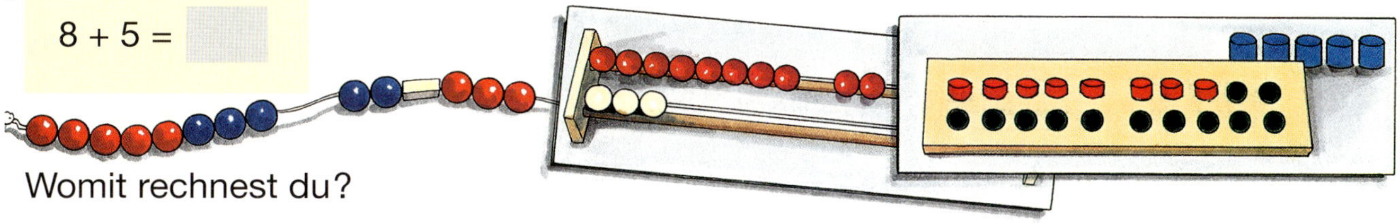

Womit rechnest du?

2.

8 + 5 = ☐	9 + 2 = ☐	7 + 3 = ☐	6 + 4 = ☐	5 + 6 = ☐
8 + 3 = ☐	9 + 4 = ☐	7 + 4 = ☐	6 + 6 = ☐	5 + 5 = ☐
8 + 4 = ☐	9 + 3 = ☐	7 + 5 = ☐	6 + 5 = ☐	5 + 7 = ☐
8 + 6 = ☐	9 + 5 = ☐	7 + 6 = ☐	6 + 7 = ☐	5 + 8 = ☐

3.

+	4	6	5	7
8				
9				
6				
7				

+	6	7	8	9
9				
8				
7				
6				

+	5	7	6	8
4				
		16		
8				
			11	

4.

8	+	2
5	+	5
	+	
	+	

10	+	2
	+	
	+	
	+	

10	+	1
	+	
	+	
	+	

7	+	7
	+	
	+	
	+	

9	+	4
	+	
	+	
	+	

5.

6.

8 = ☐ + ☐	6 = ☐ + ☐	9 = ☐ + ☐	7 = ☐ + ☐	5 = ☐ + ☐
8 = ☐ + ☐	6 = ☐ + ☐	9 = ☐ + ☐	7 = ☐ + ☐	5 = ☐ + ☐
8 = ☐ + ☐	6 = ☐ + ☐	9 = ☐ + ☐	7 = ☐ + ☐	5 = ☐ + ☐

1. bis 5. Vorhandenes Material zu Hilfe nehmen.

Subtrahieren mit Zehnerüberschreitung

1.

Womit rechnest du?

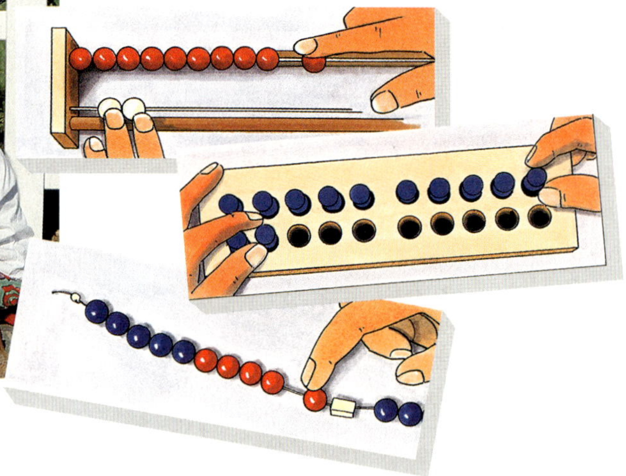

12 – 3 =

2.

12 – 4 =	11 – 2 =	13 – 4 =	15 – 5 =	14 – 5 =
12 – 2 =	11 – 3 =	13 – 5 =	15 – 6 =	14 – 4 =
12 – 5 =	11 – 1 =	13 – 3 =	15 – 4 =	14 – 7 =
12 – 3 =	11 – 4 =	13 – 6 =	15 – 7 =	14 – 6 =

3.

–	3	5	4	6
14				
12				
13				
11				

–	6	7	8	9
16				
15				
14				
13				

–	2		3	
13				
11		7		
14				9
12				

4.

12	–	2
18	–	8
	–	
	–	

14	–	7
	–	
	–	
	–	

10	–	1
	–	
	–	
	–	

10	–	2
	–	
	–	
	–	

11	–	6
	–	
	–	
	–	

5. 8 + = 10
6 + = 10
7 + = 10

5 + = 10
9 + = 10
3 + = 10

6. + 3 = 10
 + 7 = 10
 + 6 = 10

 + 2 = 10
 + 9 = 10
 + 5 = 10

7. 8 + 2 + 5 =
7 + 3 + 6 =
9 + 1 + 4 =

6 + 4 + 7 =
5 + 5 + 9 =
3 + 7 + 8 =

8. 7 + + = 11
9 + + = 14
8 + + = 13

6 + + = 15
5 + + = 12
2 + + = 16

1. bis 4. Vorhandenes Material zu Hilfe nehmen.

1.

Erzähle und rechne.

2.

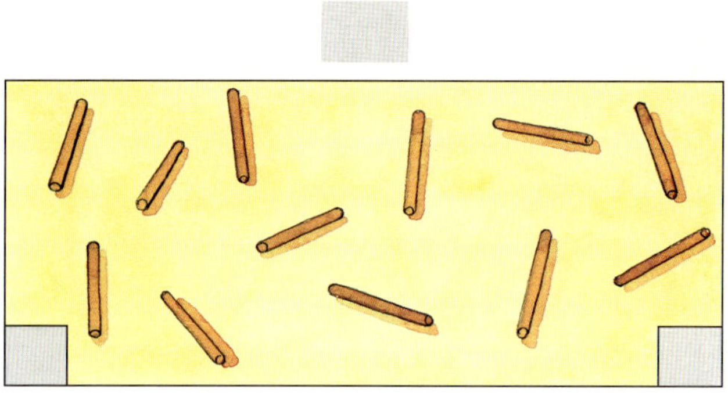

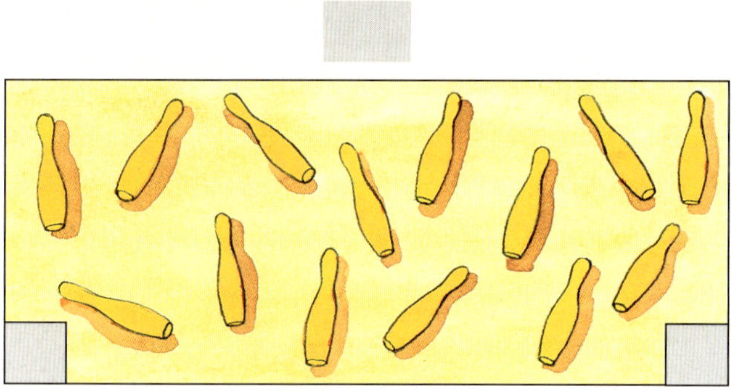

3. Male immer eine Hälfte an.

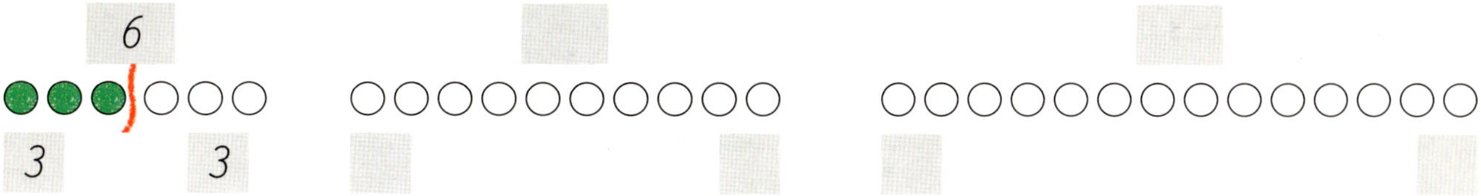

4.

2	8	10	6	4	12	20	14	16	18
1									

1.

Erzähle und rechne.

2.

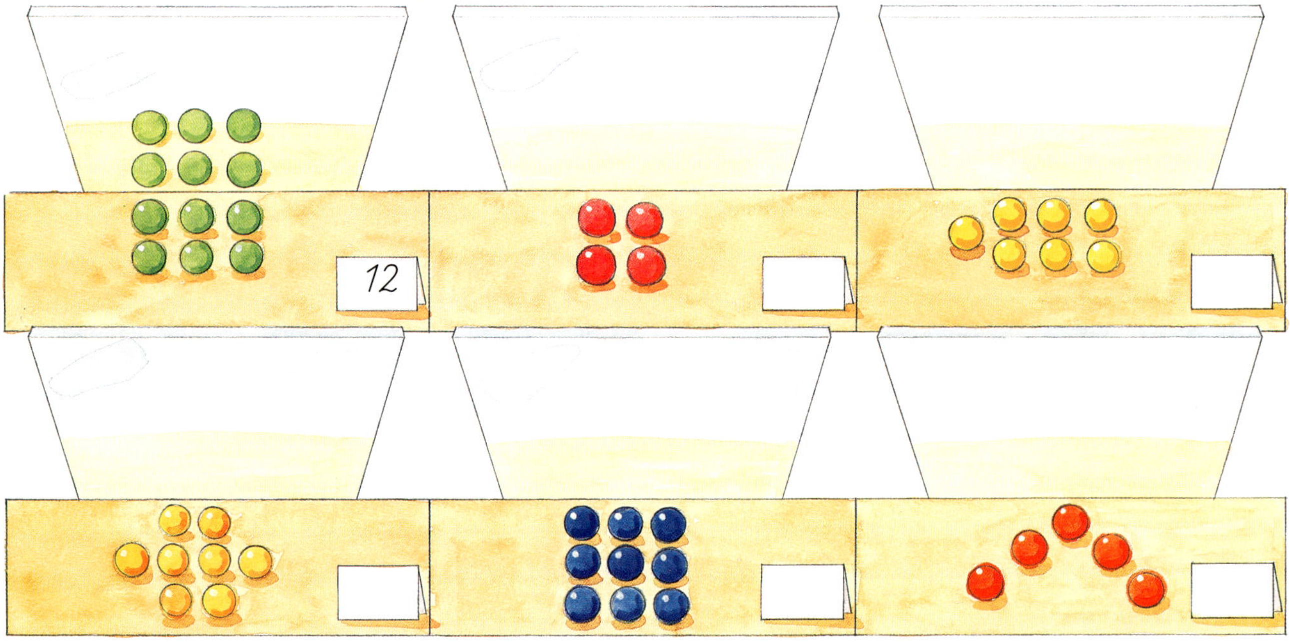

3.

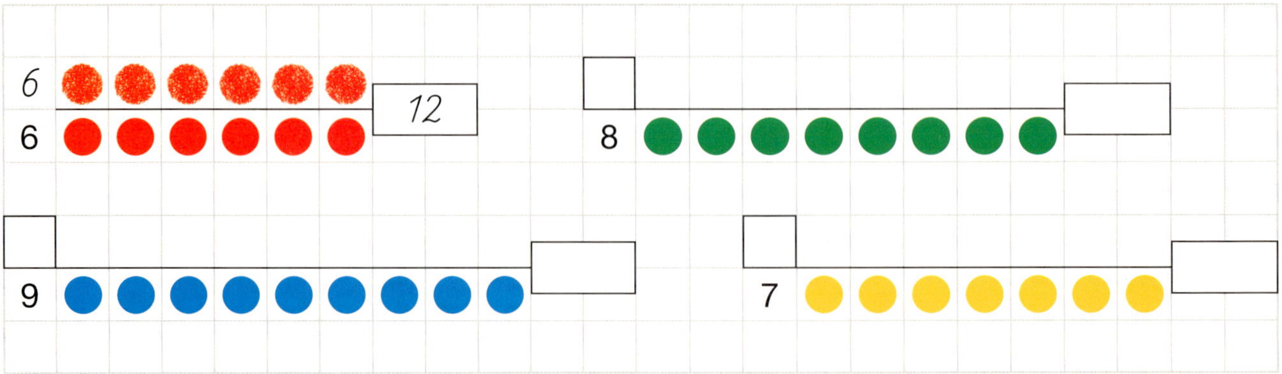

4.

5	3	9	4	7	6	8	2	10	1
10									

2. und 3. Mit einem Spiegel kontrollieren.

1. Halbiere und male eine Hälfte an.

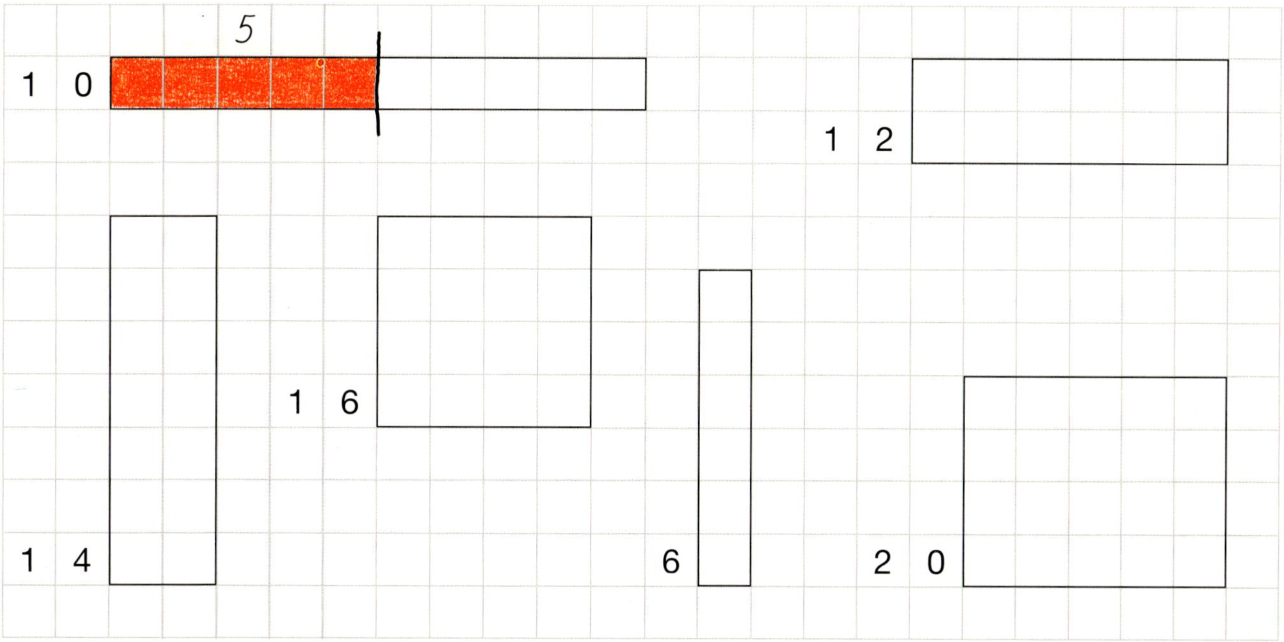

2. Verdopple, male an und rechne.

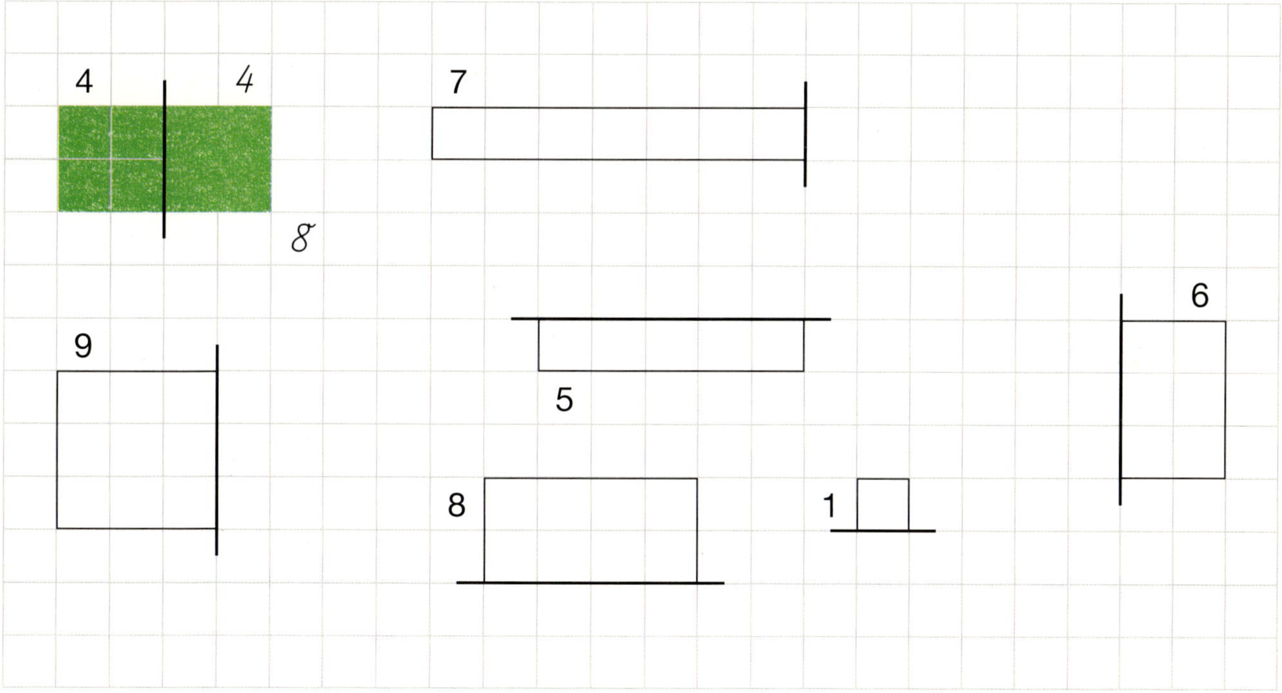

3.

halbiere →	
4	
10	
6	
2	
8	

halbiere →	
20	
18	
16	
14	
12	

halbiere →	
	3
	5
	7
	6
	9

4.

verdopple →	
2	
5	
9	
7	
10	

verdopple →	
1	
4	
6	
3	
8	

verdopple →	
	10
	16
	20
	18
	0

1. und 2. Mit einem Spiegel kontrollieren.

1.

1 | 3 | 5 | | | | | | | 19

20 | | | | | | | | 4 | 2

ungerade Zahlen

gerade Zahlen

2.

~~1~~	~~2~~	~~3~~	4	5
6	7	8	9	10
11	12	13	14	15
16	17	18	19	20

3. Gerade Zahlen grün, ungerade Zahlen rot.

5 | 4 | | | | | |

4. Kann man immer paarweise zeichnen?

7 | 8 | 9 | 10 | 11 | 12 | 13 | 14

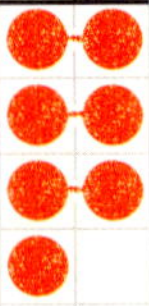

4. Entdecken, dass sich nur gerade Zahlen halbieren lassen.

1.

9 + 3 =

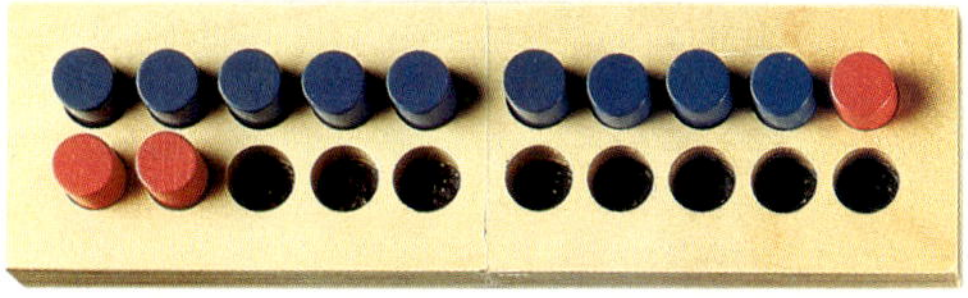

2.

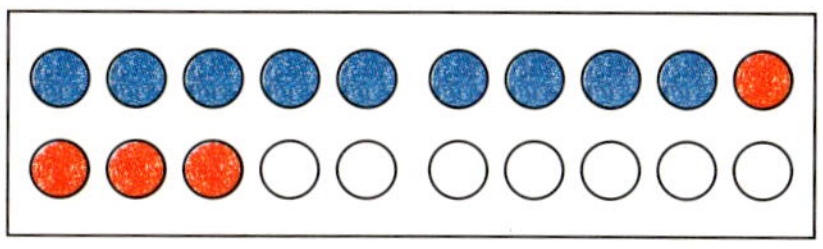

9 + 4 =

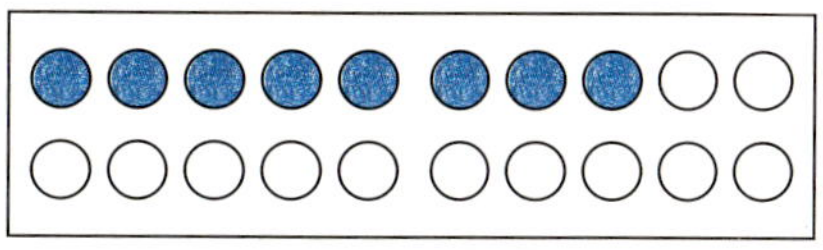

8 + 5 =

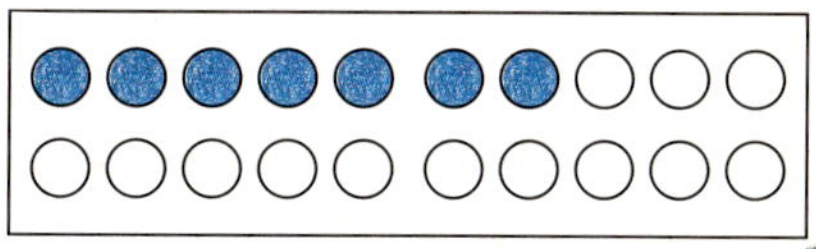

7 + 4 =

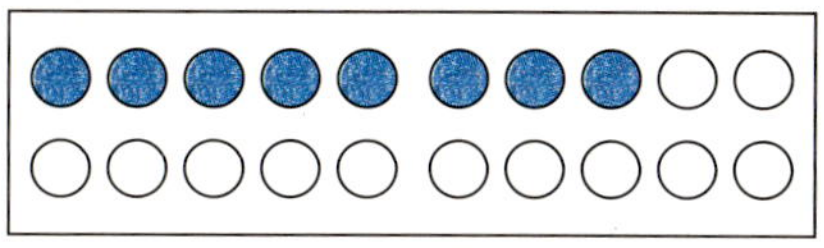

8 + 6 =

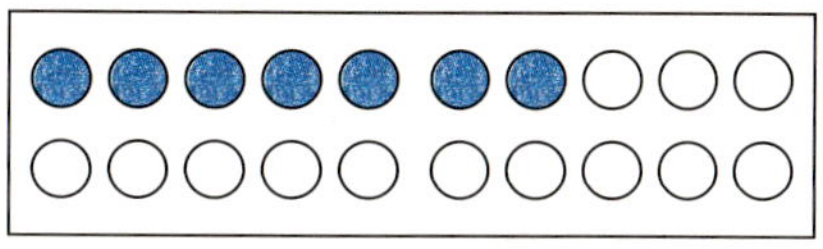

7 + 3 =

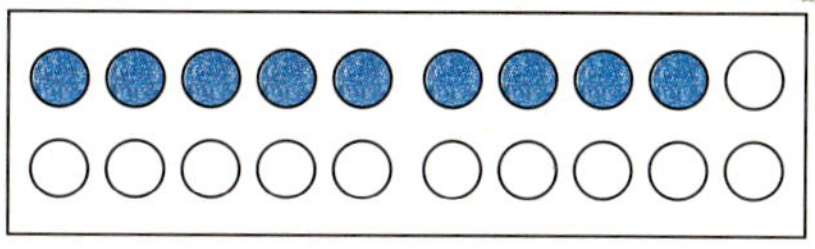

9 + 5 =

3.

4.

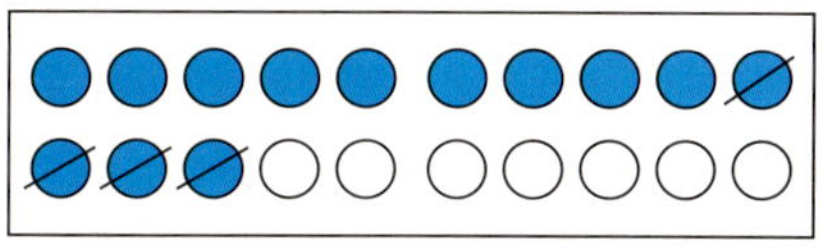

13 – 4 =

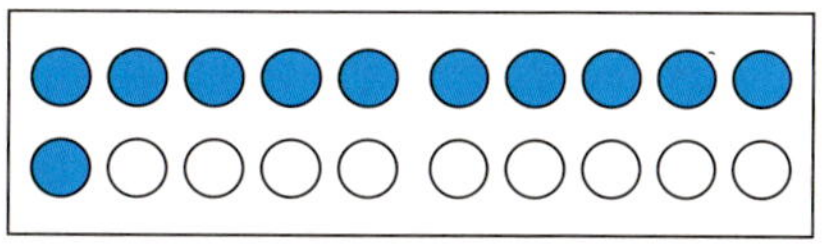

11 – 3 =

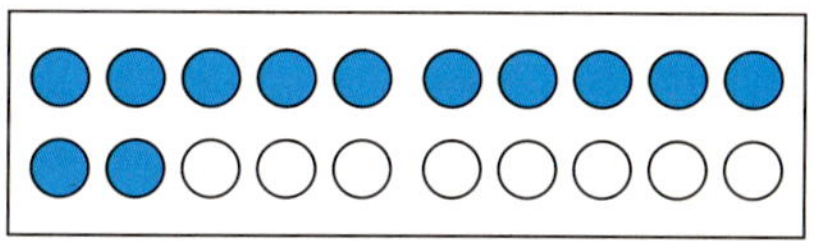

12 – 5 =

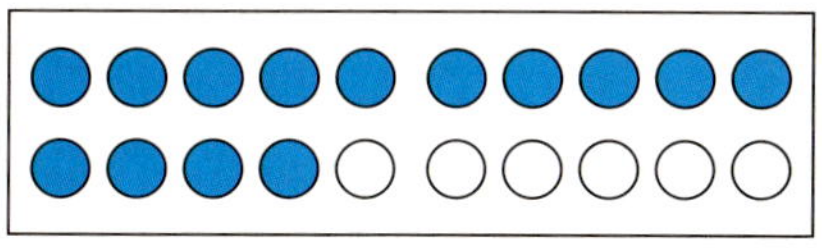

14 – 8 =

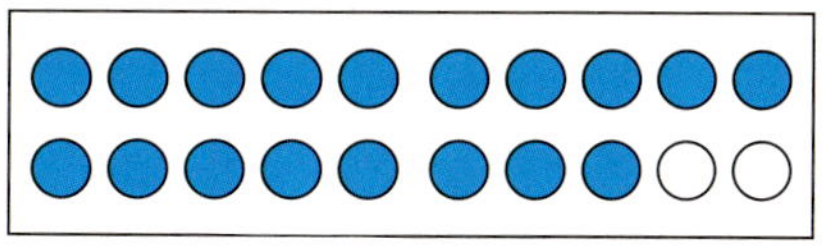

18 – 7 =

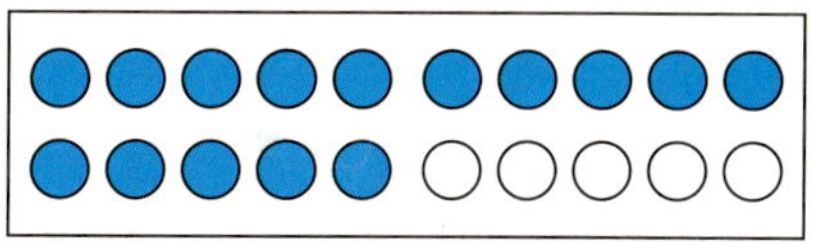

15 – 7 =

5.

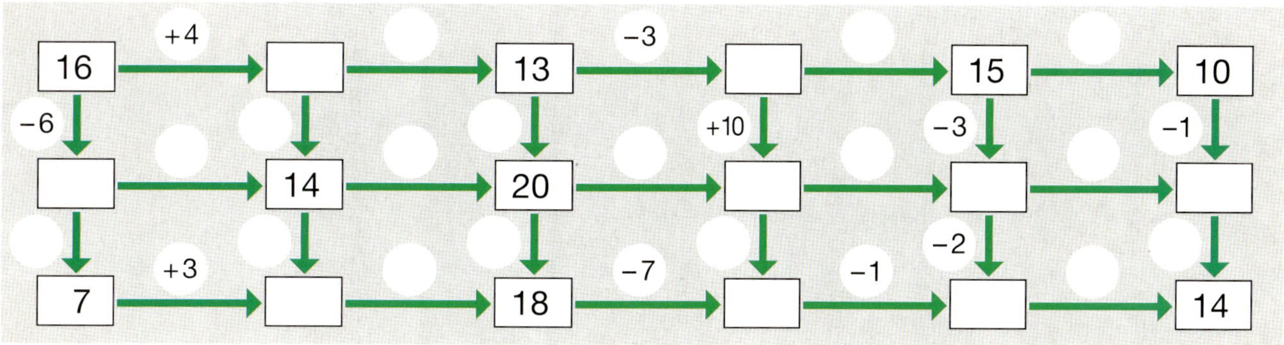

1.

Wie viele Kinder fahren mit?

4 + 6 + 1 = ___

Es fahren ___ Kinder mit.

2.

4 $\xrightarrow{+6}$ *10* $\xrightarrow{+1}$ ___ 8 $\xrightarrow{+2}$ ___ $\xrightarrow{+5}$ ___ 7 $\xrightarrow{+3}$ ___ $\xrightarrow{+2}$ ___

9 $\xrightarrow{+1}$ ___ $\xrightarrow{+5}$ ___ 6 $\xrightarrow{+4}$ ___ $\xrightarrow{+1}$ ___ 5 $\xrightarrow{+5}$ ___ $\xrightarrow{+9}$ ___

3.

4 $\xrightarrow{+\mathit{6}}$ 10 $\xrightarrow{+3}$ ___ 5 ⟶ 10 $\xrightarrow{+2}$ ___ 8 ⟶ 10 $\xrightarrow{+7}$ ___

7 ⟶ 10 $\xrightarrow{+1}$ ___ 6 ⟶ 10 $\xrightarrow{+8}$ ___ 9 ⟶ 10 $\xrightarrow{+5}$ ___

4.

8 ⟶ 10 ⟶ 13 7 ⟶ 10 ⟶ 12 5 ⟶ 10 ⟶ 17

6 ⟶ 10 ⟶ 11 9 ⟶ 10 ⟶ 16 4 ⟶ 10 ⟶ 15

5.

18 $\xrightarrow{-8}$ *10* $\xrightarrow{-3}$ ___ 13 $\xrightarrow{-3}$ ___ $\xrightarrow{-1}$ ___

12 $\xrightarrow{-2}$ ___ $\xrightarrow{-4}$ ___ 15 $\xrightarrow{-5}$ ___ $\xrightarrow{-6}$ ___

6.

14 ⟶ 10 ⟶ 8 17 ⟶ 10 ⟶ 9

13 ⟶ 10 ⟶ 9 15 ⟶ 10 ⟶ 7

16 ⟶ 10 ⟶ 8 11 ⟶ 10 ⟶ 6

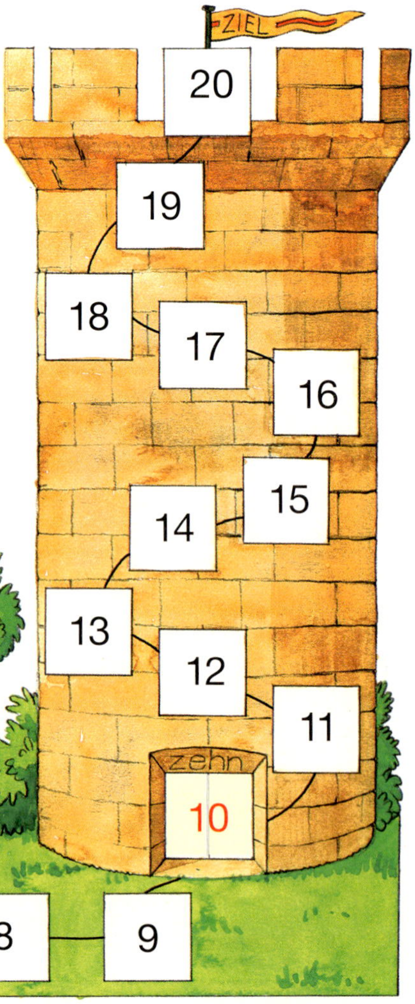

1.

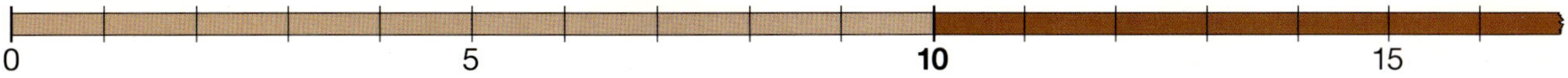

6 —(+ 4)→ 10 —(+ 3)→ ☐

2.

9 + 5

9 —(+ 1)→ 10 —(+ 4)→ ☐
+ 5

8 + 3

8 → 10 → ☐
+ 3

6 + 5

6 → 10 → ☐
+ 5

7 + 6

7 → 10 → ☐
+ 6

5 + 8

5 → 10 → ☐
+ 8

8 + 6

8 → 10 → ☐
+ 6

3.

6 + 9

6 → 10 → ☐
+ 9

9 + 4

9 → 10 → ☐
+ 4

7 + 5

7 → 10 → ☐
+ 5

8 + 5

8 → 10 → ☐
+ 5

4 + 8

4 → 10 → ☐
+ 8

5 + 7

5 → 10 → ☐
+ 7

4.

1. bis 3. In zwei Schritten rechnen.

1.

Erzähle und rechne.

2.

13 – 5
13 $\xrightarrow{-3}$ 10 $\xrightarrow{-2}$ ☐
– 5

15 – 7
15 → 10 → ☐
– 7

12 – 5
12 → 10 → ☐
– 5

14 – 6
14 → 10 → ☐
– 6

11 – 4
11 → 10 → ☐
– 4

16 – 7
16 → 10 → ☐
– 7

3.

12 – 6
12 → 10 → ☐
– 6

13 – 4
13 → 10 → ☐
– 4

15 – 8
15 → 10 → ☐
– 8

17 – 9
17 → 10 → ☐
– 9

14 – 7
14 → 10 → ☐
– 7

16 – 8
16 → 10 → ☐
– 8

4.

2. und 3. In zwei Schritten rechnen.

1.

12 – 4 =

8 + 4 =

2. Rechne auch die Umkehraufgaben.

13 – 5 = ______

+ 5 = ______

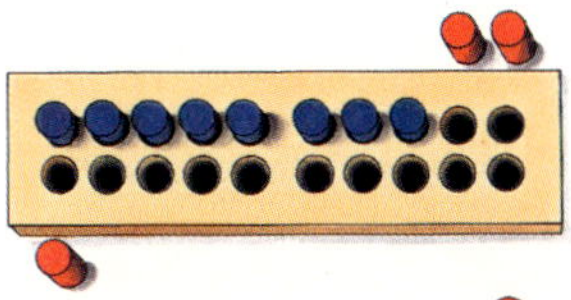

______

______

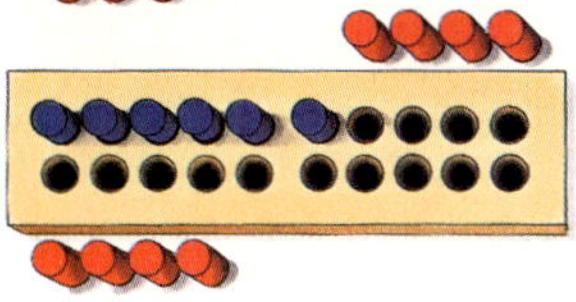

______

______

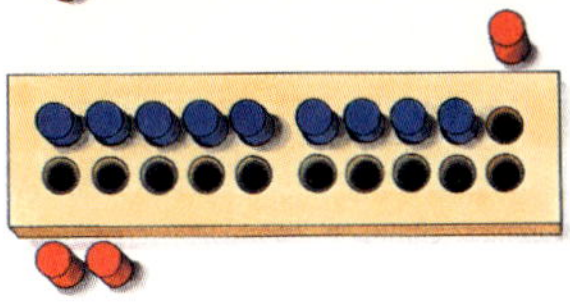

______

______

3.

8 (+ 5 →, ← – 5)

6 (+ 7 →, ← – 7)

7 (+ 5 →, ← – 5)

9 (+ 6 →, ← – 6)

15 (– 8 →, ← + 8)

14 (– 5 →, ← + 5)

11 (– 6 →, ← + 6)

17 (– 8 →, ← + 8)

4.

5 (+ 7 →, ← – 7) 12

8 ⇄ 12

7 ⇄ 13

9 ⇄ 13

14 ⇄ 6

11 ⇄ 7

15 ⇄ 8

16 ⇄ 7

5. Nachbaraufgaben können helfen. Rechne erst die leichte Aufgabe.

11 – 6 =	13 – 7 =	15 – 8 =	17 – 9 =
12 – 6 =	14 – 7 =	16 – 8 =	18 – 9 =
13 – 6 =	15 – 7 =	17 – 8 =	19 – 9 =

6.

7 + 6 =	9 + 8 =	8 + 7 =	10 + 9 =
6 + 6 =	8 + 8 =	7 + 7 =	9 + 9 =
5 + 6 =	7 + 8 =	6 + 7 =	8 + 9 =

3. und 4. In beiden Richtungen lesen.

1.

7 + 5 =

5 + 7 =

12 − 5 =

12 − 7 =

2. Immer 4 Aufgaben!

9 15 6	7 6 13	16 9 7	8 14 6
9 + 6 =			

3. Schreibe immer 4 Aufgaben in dein Heft.

7 8 15	9 17 8	11 4 7	5 8 13

4. Oft ist die Tauschaufgabe leichter.

3 + 8 =	2 + 9 =	4 + 8 =	5 + 7 =
8 + 3 =			
4 + 9 =	5 + 8 =	6 + 9 =	6 + 8 =

5. Rechne erst die leichte Aufgabe.

6 + 5 =	7 + 6 =	8 + 7 =	9 + 8 =
6 + 6 = 12	7 + 7 =	8 + 8 =	9 + 9 =
6 + 7 =	7 + 8 =	8 + 9 =	9 + 10 =

6.

12 − 7 =	16 − 9 =	14 − 8 =	18 − 10 =
12 − 6 =	16 − 8 =	14 − 7 =	18 − 9 =
12 − 5 =	16 − 7 =	14 − 6 =	18 − 8 =

 Tauschaufgaben, Umkehraufgaben, Nachbaraufgaben.

1. Welche Tiere sind es?

N 8 + 6 | h 15 − 8 | s 9 + 6 | a 14 − 5 | o 7 + 4 | r 11 − 6 | n 5

G 13 − 6 | i 7 + 3 | r 10 − 2 | f 16 − 7 | a 8 + 8 | e 16 | f 9 + 7

N						

G						

2. Was ist gleich?

6 + 6 | 9 + 7 | 5 + 9 | 11 + 4 | 9 + 3 | 8 + 7 | 10 + 4 | 10 + 6

18 − 3 | 11 + 6 | 15 + 0 | 20 − 4 | 13 + 6 | 12 + 4 | 14 + 5 | 19 − 2

3.

+	8	5	1	7
4				
2				
0				
8				

−	3	6	5	9
16				
14				
10				
15				

−	7	8	1	9
12				
17				
13				
11				

4.

13		
4	+	
9	+	
7	+	
10	+	

7		
10	−	
14	−	
12	−	
16	−	

9		
	+	
	+	
	−	
	−	

15				
9	+		+	
6	+		+	
8	+		+	
4	+		+	

1. Jede Aufgabe beginnt mit der Lösung der vorhergehenden. Die Tiere anmalen, die sich aus den Buchstaben ergeben.

Schoko-Küsse
14 Kinder sind eingeladen.
Es waren 15 Dosen.
Es waren 12 Stücke Torte.
4 Kinder wollen draußen spielen.
Wer findet andere Aufgaben?

Straßenfest am 20.6.
Adam-Riese-Weg
Jeder Ball 20 Pf.
Pfeil werfen – 3 Wurf 80 Pf
Würstchen 2,- DM
Senf 30 Pf
Kaffee 80 Pf
Limonade 90 Pf.
Limonade 20 FLASCHEN
Limonade 20 FLASCHEN
Limonade 20 FLASCHEN
Bons

Bündeln – Zehner und Einer

1.

Z	E

2.

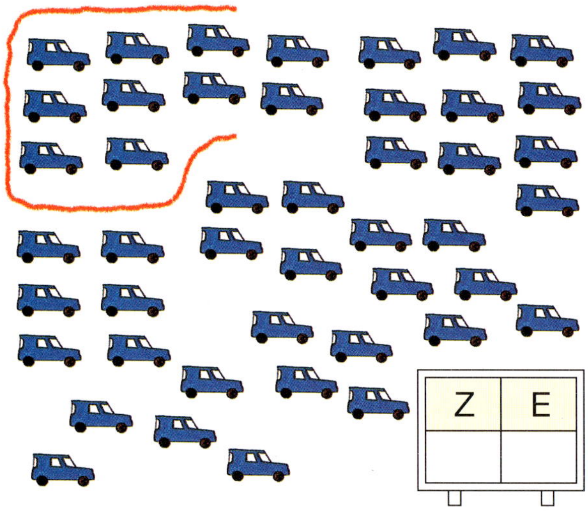

Z	E

3.

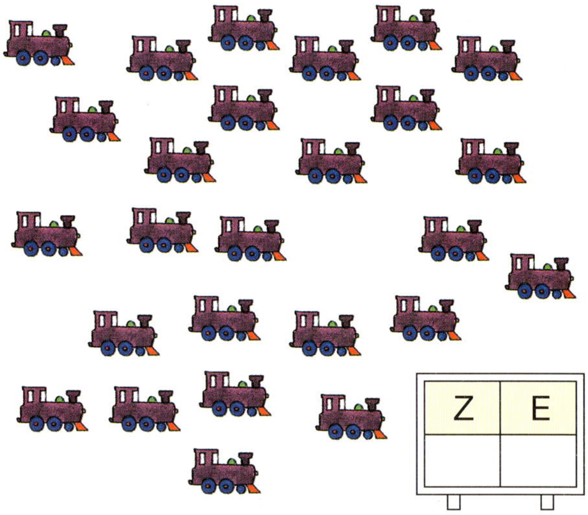

Z	E

4.

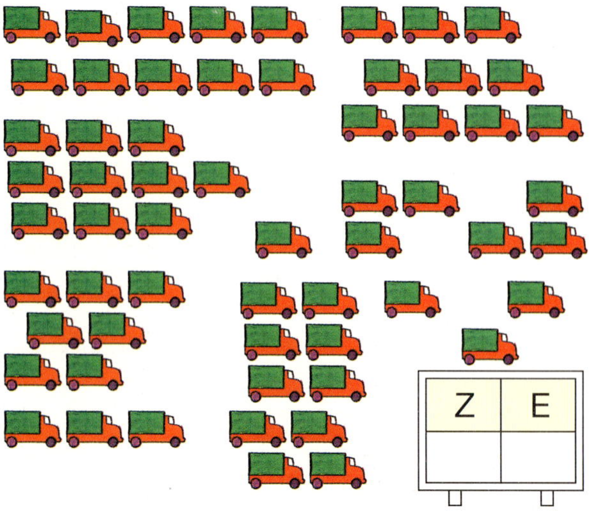

Z	E

5.

Z	E

1.

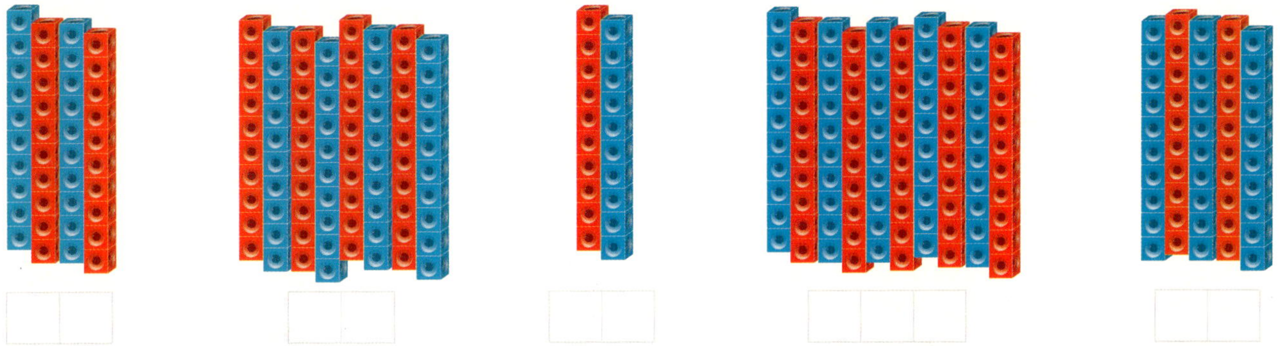

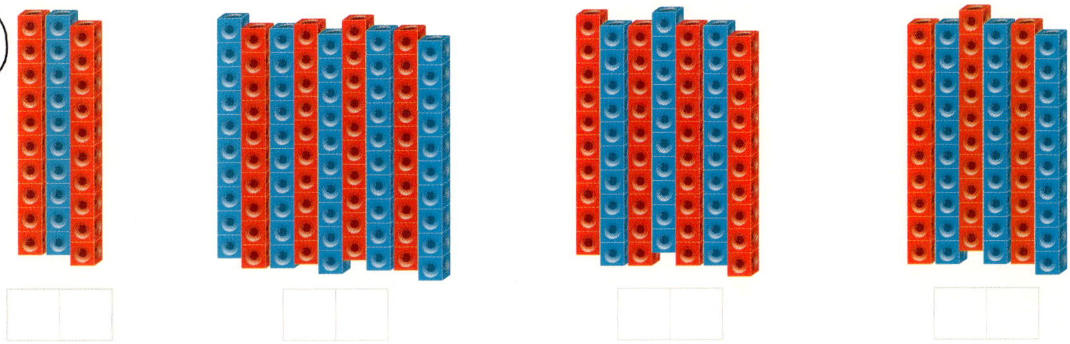

2.

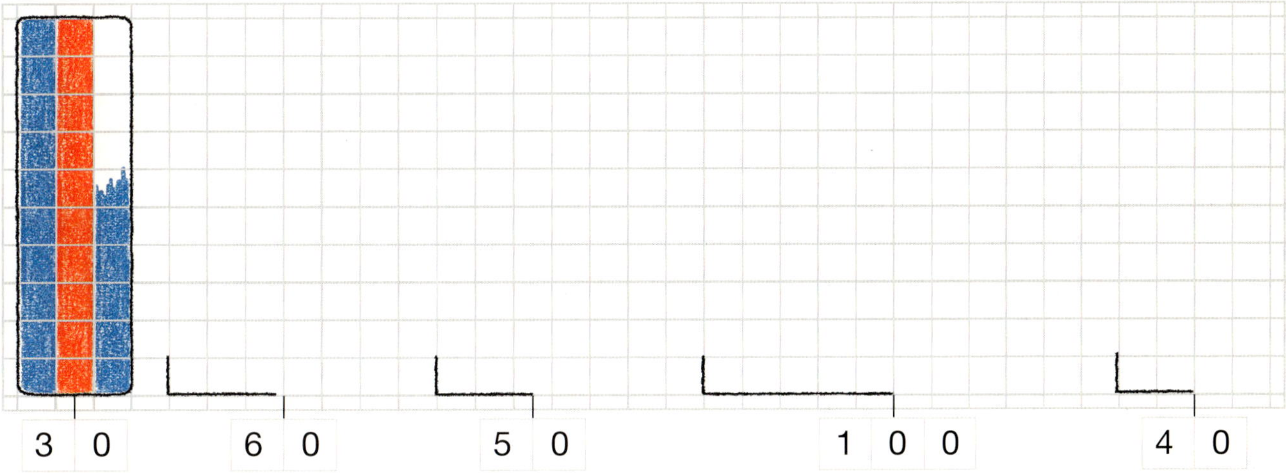

3.

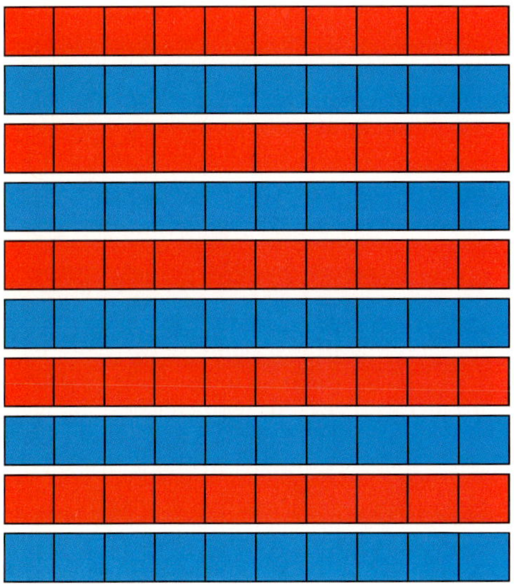

Z	E		
1	0	10	zehn
2	0		zwanzig
3	0		dreißig
4	0		vierzig
5	0		fünfzig
6	0		sechzig
7	0		siebzig
8	0		achtzig
9	0		neunzig
10	0		hundert

4.

	Z	E
40	4	0
70		
100		
10		
50		
20		
60		
80		
30		
90		

1.

Wie viele Bücher liegen auf einem Stapel? 20

2. < oder >

40	<	80	70		60	30		50	70		50	70		80
40		60	80		60	50		20	30		20	90		80
40		50	30		60	80		50	30		40	90		100

3. Setze immer eine Zehnerzahl ein.

30 < 40	80 >	> 60	< 70
30 <	80 >	> 60	< 70
30 <	80 >	> 60	< 70
30 <	80 >	> 60	< 70

4.

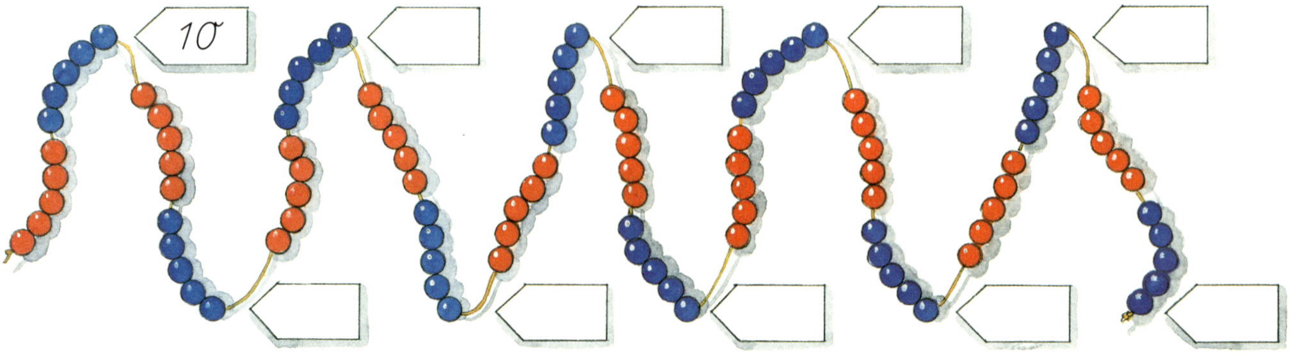

1.

2.

Pf

Pf

Pf

Pf

Pf

Pf

Pf

Pf

3. Immer 50 Pf!

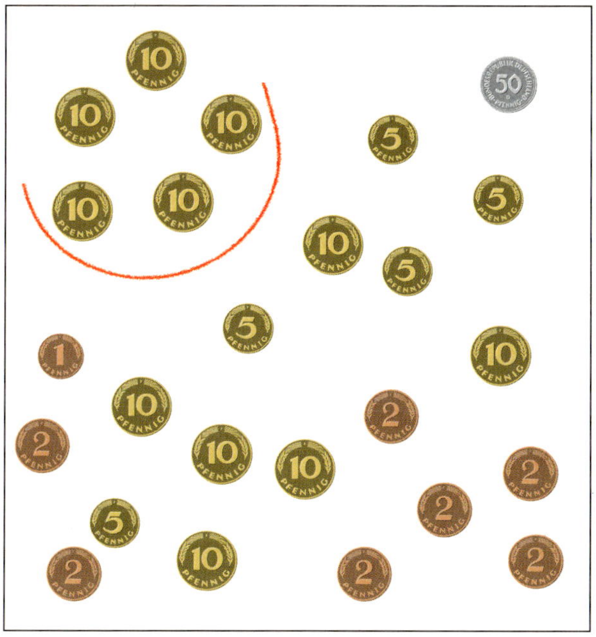

4. Immer 80 Pf!

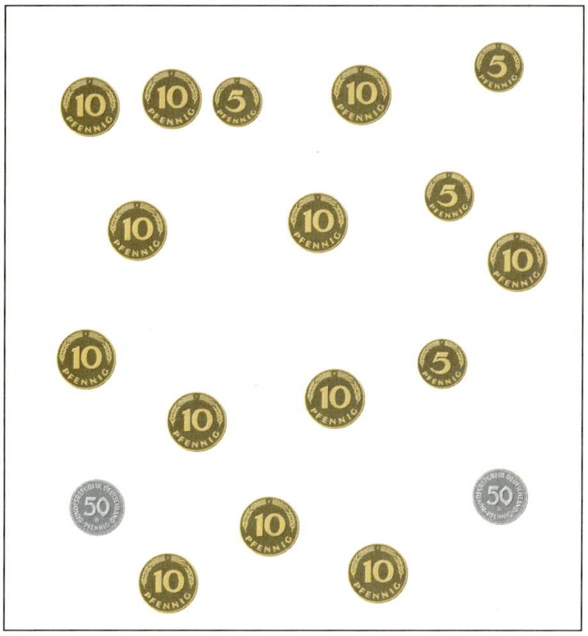

3. und 4. Geldbeträge unterschiedlich darstellen.

Geldbeträge bis 1 DM

1. Wechsle unterschiedlich.

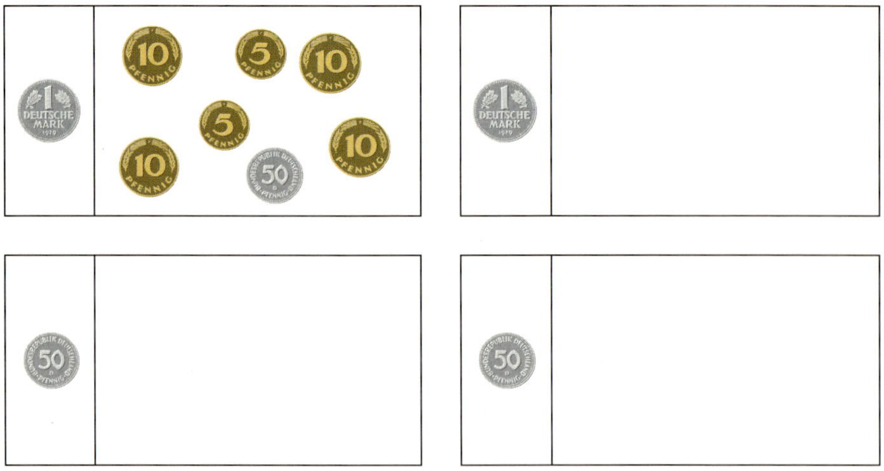

2.

3.

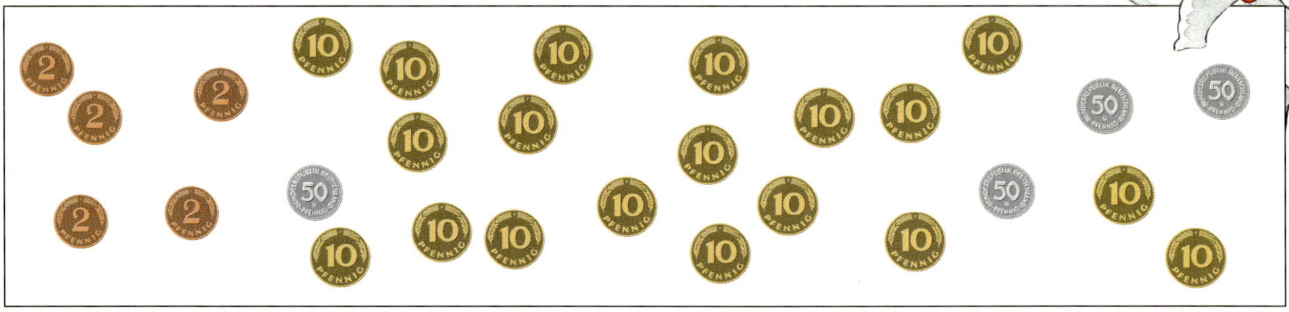

4.

14 = 7 + ___	18 = 9 + ___	20 – 10 = ___	14 – 7 = ___
12 = 6 + ___	16 = 8 + ___	16 – 8 = ___	16 – 9 = ___
20 = 10 + ___	15 = 7 + ___	18 – 9 = ___	13 – 5 = ___
17 = 9 + ___	13 = 6 + ___	12 – 6 = ___	10 – 5 = ___

5.

6 + 6 = ___	8 + 8 = ___	10 – 8 = ___	16 – 6 = ___
8 + 6 = ___	6 + 8 = ___	12 – 8 = ___	14 – 6 = ___
10 + 6 = ___	4 + 8 = ___	14 – 8 = ___	12 – 6 = ___
12 + 6 = ___	9 + 8 = ___	16 – 8 = ___	18 – 6 = ___

Geldbeträge bis 100 DM

1.

Ordne.
1 DM
___ DM
___ DM
___ DM
___ DM
___ DM
___ DM

2.

___ DM

___ DM

___ DM

___ DM

___ DM

___ DM

___ DM

___ DM

3.

4.

MS LENA
Wie viele Personen rudern?
Personen rudern.
Wie viele Kinder fahren mit?
Kinder fahren mit.
KIOSK
Preistafel
Limo 2 DM
Wurst 4 DM
Pommes 3 DM
Kekse 5 DM
Eis 1 DM
Ich habe 5 DM und kaufe 1 Wurst. Wie viel DM habe ich dann noch?
Du hast noch DM.
Das macht DM.
Bitte eine Wurst mit Pommes.
Hier hast du einen 20-DM-Schein.
Svenja möchte eine Wurst. Ich möchte eine Limo.
Dann bekommen wir DM zurück.
Wie viel kosten Kekse und 2 Eis zusammen?
Kekse und 2 Eis kosten DM.